U0946321

一生
编著◎王立娜
河南出版集团
河南出版集团
中原农民出版社

图书在版编目(CIP)数据

一生十事 / 王立娜编著. —2版. —郑州 : 中原出版传媒集团,中原农民出版社, 2014.7
ISBN 978-7-5542-0781-9

Ⅰ. ①一… Ⅱ. ①王… Ⅲ. ①人生哲学-通俗读物
Ⅳ. ①B821-49

中国版本图书馆CIP数据核字(2014)第160736号

出版:中原出版传媒集团　中原农民出版社
(地址:郑州市经五路66号　电话:0371—65751257
邮政编码:450002)
发行单位:全国新华书店
承印单位:辉县市伟业印务有限公司
开本:710mm×1010mm　1/16
印张:17　**字数**:214千字
版次:2014年7月第2版　**印次**:2014年7月第3次印刷

书号:ISBN 978-7-5542-0781-9　**定价**:39.00元

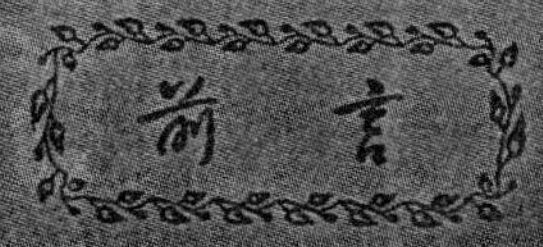

前言

在今天这个竞争日益激烈，到处充满机遇和挑战的社会里，人要想获得更好的生存和发展，就要锤炼自己为人处世的过硬本领。成功的机会对于每个人都是平等的，在这个总量上你不会找到什么差别，但为什么有的人取得了成功，而有的人一事无成，这在很大程度上取决于他们对机遇的把握。机遇对于想成功的人来说是最宝贵的，没有抓住机遇，再有才华的人也会被埋没一生。

翻开人类奋斗的史册，可以看到，有的人因抓住了机遇，而改变了自己的一生，在"山重水复疑无路"中出现了"柳暗花明又一村"的人生瑰丽景象，摘取了成功的桂冠；与机遇擦肩而过的人，"白了少年头，空悲切"，庸碌无为地虚度了一生。机遇不是从天上掉下来的，而是靠自己努力追求得到的。要想获得机遇，你必须主动去争取，脚踏实地行动起来，为机遇的到来作好各种准备。如果一个人会利用外界的机遇，并能在任何环境中磨炼自己，他就会在很大程度上获得成功。

获得成功的因素是多方面的，成功的路并不是平坦通畅的。综观古今中外，我们看到，无论是政坛精英，还是商界巨富；无论是达官显贵，还是山野草民，那些成就一番大事业的人，都是做人处世有术的人，他们能够忍苦耐劳，忍辱负重，忍受挫折，最后在各自不同的领域中取得了成功。探究他们的成功之法，就在于通晓为人处世的精明之道。

每个取得成功的人，都是一个善用处世方略的人。深谙处世之道，在社会上才能左右逢源，提高办事效率，不会四处碰壁，与他人的关系也会更加和谐，并有利于自己的生存和发展，使自己进入一个较高的人生境界。

在现实社会的背景之下，任何一个人步入社会，就会和社会发生密不可分的利害关系。要想处理好同事、家人、朋友、上下级等一切社会关系，让自己的言行举止有所规范且得体，使自己的能力得到认同，就需要练达精明的处世之道。只有精于处世之道的人，才能打拼出一片自己的天空，才能在汹涌的人生大海中掌握自己的人生航行，主宰自己的命运。

善于处世的人，总能把一切不利因素转化成有利因素，懂得通达权变，为自己找到一条有效的通往成功的捷径，使自己在人生的旅途上沐浴和煦的春风，走向辉煌的未来。本书将人生的千事万事进行高度归纳和整理，总归为十事，对如何获得成功，如何精明处世进行了具体而详尽的叙述，只要你仔细研读，领略书中精髓，你的人生就能取得辉煌成功。

编者著

2007 年 1 月

目 录

时:抓住机遇,应时而动

西方有一句俗谚:"通往失败的路上,处处都是错失的机会。坐待幸运从前门进来的人,往往忽略了从后窗进入的机会。"要想准确地抓住、把握机遇,就要锤炼自己过硬的立身处世本领,对于机遇的把握,完全可以决定一个人在事业上能否取得成功。只有抓住机遇,才能抢占先机,取得成功。

势:韬光养晦,乘势而起

不经一番风霜苦,难得蜡梅吐清香。人生不如意事十之八九,在挫折中才能检验出一个人的品质。历史上,无论成就大事者还是小有建树者,无一不是经历挫折,忍苦耐劳,敢于直面困境,积极主动地寻找解决、摆脱困境之道,最后取得了成功。

适:当行则行,当止则止

一个取得成功的人,一定是一个善用处世方法策略的人。凡事要掌握分寸,把握好尺度。无论做事还是做人,无论对人还是对己,都要圆中有方,方中有圆,要方中做人,圆中归真。学会了方圆之道,也就掌握了处世哲学。

师:讲求礼仪,以人为师

懂礼、讲礼的人做任何事情,都会很顺利,并且遇到麻烦时,别人也会乐于助他,使其左右逢源,诸事通达。在与人交际时,礼仪体现出个人职业素养。对现在职业人士而言,拥有良好的礼仪修养,就能根据不同场合灵活

应用不同的交际技巧，多学别人之长以补自己之短，这样就可在社会中如鱼得水，获得成功人生。

实：确立目标，脚踏实地

人要想发挥出自身的优秀潜质，就要首先在社会中找到适合自己的位置，这样才能发挥自己的强项。树立目标，就要脚踏实地去为之奋斗，历经风雨就能见到彩虹，铸就丰富多彩的美丽人生。

史：总结过去，展望未来

历史的经验值得注意，成功的经验要积极借鉴，失败的教训要虚心吸取，引以为戒，免得重蹈覆辙。成功者要有一种超越的大无畏气魄，才能成为真正的卓越英雄，创造辉煌的非凡业绩。

试：勇于探索，大胆尝试

很多人之所以一事无成，最大的毛病就是缺乏勇于探索的进取精神，做起事来，犹犹豫豫，浅尝辄止，常在原地踏步，没有勇气跨出自己用懦弱画出的圈子。成大事者在看到成功的可能性出现时，就会勇敢出击，大胆作出决断，从而取得先机，获得巨大的成功。

释：大事不错，小过释怀

善于处世的人，总能把一切不利因素转化成有利因素，并为自己所用。在涉及原则的问题上，坚持自己的操守，决不退让；但在一些不影响大局的小事上，总能表现出宽容的姿态，这样的人就容易得到他人的敬重，并乐于与之一起共处，一起干一番轰轰烈烈的事业。

世：世事通达，玲珑处世

掌握圆融处世的能力，对于每个人来说均是至关重要的。有些人说起话来头头是道，办起事来顺顺当当，其原因就是他们懂得变通。世事通达，玲珑处世，就会无往而不胜。

识：慧眼识人，疏通关系

广交朋友，善处关系，是一条十分有效的获得成功的途径。在社会交往中，你会遇到形形色色的人，常言说"宁可不识货，不可不识人"，你要善于识人，才能知道什么人会为自己所用，和谁能成为真正的朋友。这样，你才能够在竞争中始终处于一种领先地位，永远立于不败之地，取得事业上的成功。

时：

抓住机遇，应时而动

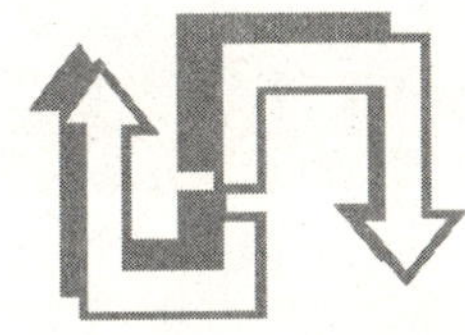

西方有一句俗谚："通往失败的路上，处处都是错失的机会。坐待幸运从前门进来的人，往往忽略了从后窗进入的机会。"要想准确地抓住、把握机遇，就要锤炼自己过硬的立身处世本领，对于机遇的把握，完全可以决定一个人在事业上能否取得成功。只有抓住机遇，才能抢占先机，取得成功。

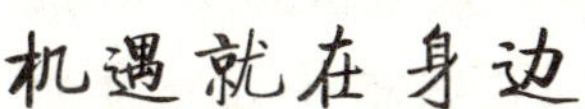

机遇就在身边

机会对一个人来说固然重要，但对机会的把握和充分利用是更需要我们关注的。有些人对近在身边的机遇，却常常视而不见，让它轻易地擦肩而过。对于近在身边的机会，只要稍加留意，比刻意去寻找、搜集更直接，更容易，这样一来，可以省下大量的精力和金钱。

年轻的洛克菲勒刚进入石油公司工作时，由于学历不高，又没有什么技术，因此被分派巡视并确认石油罐有没有自动焊接好。每天，洛克菲勒眼睛盯着焊接剂自动滴下，沿着石油罐盖转一圈，再看着自动输送带把石油罐移走。工作简单又枯燥，但洛克菲勒决定安下心来，把眼前的工作做好。

于是，他认真地观察、检查石油罐的焊接质量。当时，公司正在推行节约计划，洛克菲勒想，这项工作是不是也可以节约一些成本呢？他发现每焊好一个石油罐，焊接剂要落三十九滴，而经过周密计算，只要三十七滴就可以焊好了。

洛克菲勒深入地进行研究。经过多次测试，他终于研制出“三十八滴型”焊接机。也就是说，使用这种焊接机，每次可以节约一滴焊接剂。尽管节约的只是一滴焊接剂，一年下来，“三十八滴型”焊接机为公司节省了500万美元的开支。其实，在现实生活中，那些看似微不足道的小事，只要用心做下去，就会有意想不到的收获。

在一些人看来，机遇恍如名山深处的灵芝，珍贵而神奇，当他们在历经艰辛努力地寻找后，最终却一无所获。殊不知，机遇就如野花，星星点点地开在他们必经的路旁，因为普通，

因为卑微，有多少人一路走过而对野花视而不见呢？

1875年，美国罐头大王亚默尔从报纸上获得一条“豆腐块新闻”，说的是墨西哥牧群中发现了病畜，有些专家怀疑是一种传染性很强的瘟疫。这则消息夹杂在五花八门的新闻报道之中，很不起眼，并不会引起多少人的注意。亚默尔立即想到毗邻墨西哥的加尼福利亚州、得克萨斯州肉类供应基地，如果瘟疫传染至此，政府必定会禁止那里的牲畜及肉类进入其他地区，这样将造成全国肉类供应紧张，价格上涨。他派自己的医生去墨西哥证实疫情后，就马上集中资金购买加州和得州的肉牛和生猪，及时运到美国东部储存起来。不久，瘟疫从墨西哥蔓延到美国西部的几个州，政府果然禁止那里的肉类进入其他地区，引起美国肉价飞涨。亚默尔把这批肉牛和生猪高价抛出。仅这一笔生意，他就净赚了900万美元。

生活中，有些人常常抱怨命运不公、时运不济，其实机遇就在你身边，只不过有时不经意地让它溜走了，如果亚默尔不善于捕捉一切细微的机会，那么900万美元就会与之擦肩而过。

事实上，这个世界从来就不缺少机遇，真正缺少的，是发现机遇的敏锐眼睛和把握机遇的睿智心灵。

[成功秘要]

成功来源于机遇，而机遇又随时在你身边，关键就要看你如何去留心、发现和把握它。

努力使机遇变成现实

在人的一生中会有很多机遇，可有的人当机遇降临时却没有及时发现，使其失之交臂。机遇稍纵即逝，一旦失去，就成了永远的遗憾。所以说机不可失，时不再来。可是，有些人常将自己的不得意或失败归咎于没有碰到机遇，却不认真找找自己失败的原因，究竟是没有机遇，还是没有及时发现和把握机遇。机遇，它无处不在，或许就在自己身边，这需要我们善于去发现它。

一德国鞋厂推销员与一法国鞋厂推销员同时到一个岛上推销产品。他们抵达后，通过对当地人情风俗调查之后，不久都向上司发回了电报。德国人的电文是："此地人均不穿鞋，产品无销路，本人即回。"法国人的电文是："此地人均光脚，亦无穿鞋历史，产品潜力极大，拟常驻此地。"随后，法国人在岛上大力宣传穿鞋的好处，岛上的人们逐渐接受了他的宣传，一个新的市场就这样被开发出来了。

机遇是成功的种子，并非成功的必然。只有在发现机遇后，牢牢地抓住它、把握好它，并为之付出努力，才会使其成为自己走向成功的阶梯，机遇也才会变成现实。

通过《千手观音》，大家认识了邰丽华。几乎一夜之间，她那张打动中国和世界的纯真笑脸，就深深印在了亿万电视观众的心中。人们为她的美所感动，更为她的一举成名而惊叹。然而，这个用妙曼舞姿演绎生命最美、最真、最强旋律的女孩，却从来没有听到过音乐节拍的铿锵，没有感受过旋律流淌的美妙。她，只是一名聋哑人。但邰丽华却用顽强的毅力，无悔的追求，用心去领悟乐舞的美妙从而打造出了《千手观音》的惊人传奇。她的成功向人们昭示着一个简单却又深刻的道理：世上没有劣势。当一个同龄人平步青云、有所作为时，当昔日同窗朋友大展鸿图、事业有成时，总能听到有人抱怨说：看人家，有好的家世与背景，有好的机遇和条件，想不成功都不行。而自己要实现超越与成功，谈何容易？而邰丽华的成功却使我们猛然醒悟：机遇就在身边。来到这个世界上，我们付出多少就会得到多少，只有不轻言放弃的人，不吝惜付出的人，勇于向命运挑战的人，才能变劣势为优势，变阻力为动力，一步一步走向人生的辉煌。

当然，人们并不是对所有的机遇都能及时地把握，谁都会有失去机遇的时候。但机遇为什么会失去？失去了一次机遇，就要把握好下一次机遇。凡事业有成者，都善于抓住机遇，并且还善于创造机遇。他们一旦找准了人生理想的坐标，就大胆地去闯。

我们不要埋怨没有机遇，机遇或许就在自己身边。今天社会的迅猛发展，给每个人都带来了实现人生价值的最好机遇，只有努力拼搏，机遇才会与你同在。

[成功秘要]

机遇与挑战同在。勇于发现，才能有机遇；勇于拼搏，机遇才会变成你实现理想的助力。

时机错过，不要贸然行动

魏公李密被王世充打败后，投奔了唐高祖李渊。他对部

下说："我曾拥兵百万归唐，主上肯定会给我安排要职的。"但是，李密归唐后，李渊只是任命他为光禄卿、上柱国，封他为邢国公等一些虚职，同他的期望相差很远，使他非常失望。

朝中很多大臣对李密表示轻视，部分掌权的人还向他索贿，这些使他烦躁不满。自视甚高的李密怎么也忍受不了这种境遇。他的理想是当王，可是在人手底下，这怎么可能呢？

他的铁杆追随者王伯当和他谈及归唐后的感觉时，也颇有同感。他对李密说："天下之事仍在魏公的掌握之中。东海公在黎阳，襄阳公在罗口，而河南兵马又很少。魏公不能长久待在这里。"

王伯当的话正中李密之意。李密生出了一个离开长安的想法。一天，李密向李渊献策说："山东的兵马都是臣的旧部，请让臣去招抚他们，以讨伐东都的王世充。"

李渊马上同意了李密的请求。很多大臣劝李渊说："李密这人狡猾而好反复，陛下派他去山东，好比放虎归山一样。他肯定会割据一方，不会回来了。"

李渊笑着回答道："李密叛离，也不值得我们可惜。他和王世充水火不容，他们两方争斗，我们正好可以坐收渔利。"

李密请求让过去的宠臣贾闰甫和他同行，李渊一口答应，而且还任命王伯当做李密的副手。要走的时候，李渊设宴送行，他和李密等人传喝一杯酒。李渊说："我们同饮这杯酒，表明我们同一条心。一些人不让你们去山东，朕真心待你们，相信你们不会辜负朕的一番心意。"

唐高祖武德元年（618）十二月，李渊让李密带领手下的一半人马出关。长史张宝德也在出征人员的名单中，他发现了李密的反意，担心李密逃亡会连累自己，便秘密上书李渊，

说李密一定会反叛。李渊收到张宝德的奏章，才改变了自己的想法，后悔让李密出关。但他又怕惊动李密，便立刻派使者传他的命令，让李密的部下慢慢行进，李密单骑回朝受命。

李密对手下的贾闰甫说："主上曾说一些人不让我去山东，现在这话起了作用了。我假如回去，肯定被杀。与其被杀掉，不如进攻桃林县，夺取那里的粮草和兵马，再向北渡过黄河。如果我们能够到达黎阳，同徐世勣会合，大事肯定成功。"

贾闰甫说："主上待明公甚厚，明公既然已经归顺大唐，为什么又有异心呢？退一步说，即使我们攻下桃林，又能有什么大作为呢？依我看，明公应该返回长安，表明本来就没有异心，流言自然就不起作用了。假如还想去山东的话，就要从长计议，再找机会。"

李密听贾闰甫的话不顺耳，生气地说："朝廷不给我割地封王，我难以忍受。主上据关中，山东就是我的。上天所赐，怎么可以不取，反而拱手让人？贾公一直是我的心腹，现在怎么不和我一条心了呢？"

贾闰甫流着眼泪回答道："明公杀了司徒翟让，山东人都觉得明公忘恩负义，没有人愿意把军队交给明公。我假如不是受明公的厚恩，就不会如此直言不讳。只要明公安然无恙，我死而无憾！"

李密听了怒气冲天，举刀就砍向贾闰甫。王伯当等人苦苦劝谏，李密才住了手。贾闰甫侥幸不死，就逃到熊州去了。王伯当也劝李密作罢，李密还是不听。王伯当于是说："义士的志向是不会因为存亡而改变的，明公一定要起兵反唐，我将和明公同生共死，只担心是徒劳无益而已。"

于是，李密杀了朝廷的使者。第二天清晨，夺取了桃林

县城。

李渊知道后，派军队攻打李密。在熊耳山，李密遭到伏击，他和王伯当在混战中都被杀死。

李密是个野心家，他原来是跟随杨玄感反隋的，后来打了败仗投奔了翟让的瓦岗军，为取得瓦岗军的领导权，他设计杀了翟让，大权独揽，拥兵百万。与洛阳的王世充作战失利后，李密带了两万多人归顺李渊，他手下的徐世勣、魏征等人都可以甘当人臣，安心地为唐朝做事，可他不愿意，由于他自视甚高，觉得自己有王者气象。并且，他相信图谶，所以他认为李家坐天下的说法指的是他，而不是李渊。

李密归顺唐朝以后，应该摆正自己的位置，适应角色的转变。但他的权力欲太强，导致他做出了错误的判断，不合时宜地企图“另立中央”，终于引来杀身之祸。

[成功秘要]

李密归唐之后感觉不得志，又想出来单干，但他没有想到，时机不合适，大唐当时平定天下的趋势已十分明显，天下将定，李密此时另立山头的时机已失。而且，李密杀了翟让之后，让很多人冷了心，失去了一些支持者。不占天时，不占人和，又如何成事呢？

要审时度势，时机错过了，就不要轻举妄动。在李渊手下谋个差事，老老实实还是可以的，可李密偏又不甘心，导致如此下场。

关键性的机遇一定要抓住

当左宗棠把楚军组建得具有一定规模的时候，太平军的战略动向也有一些改变，使清政府穷于应付，尤其是石达开率太平军一支奔向了四川，假如占据那里可以说是坚如磐石，再想铲除就是很困难的事了。清廷对此已有所察觉，所以打算调派左宗棠督办四川军务，率楚军由湘进川。

曾国藩得悉这一情况后，深恐左宗棠去就“督办”的高位而不能随他“襄办”军务，因此削弱湘军对安庆乃至南京的攻势。谁不想把自己抬得足够高呢？胡林翼劝左宗棠说：“公入蜀则恐气类孤而功不成。”其实左宗棠也不愿入川作战，而是想集中主要精力对付太平天国苏、皖根据地。他向曾国藩、胡林翼表示：“我志在平吴，不在入蜀矣。”最后，清廷只好派湖南巡抚骆秉章督办四川军务。于1860年9月，左宗棠则率楚军从长沙取道醴陵，向江西开进。此为左宗棠第一次统率军队出省作战。

在左宗棠入赣前后，太平天国方面在痛歼清军江南大营之后，接着进行了东征和西征。天京解围后，太平天国干王洪仁玕提出“乘胜下取，其功易成”，“俟下路既得”，“再沿长江上取”的建议，洪秀全批准了。

咸丰十年四月（1860年5月），太平军开始了东征。忠王李秀成率太平军东下，连续攻下丹阳、常州、无锡、苏州、嘉兴、太仓、常熟、松江等地，并进攻上海，建立了以苏州为首府的苏福省，开辟了苏南根据地。六月，英王陈玉成率太平军从江苏宜兴进入浙江，攻下临安、余杭等地，兵锋直

指杭州城下。不久因为安庆被湘军围困，陈玉成回师救援。安庆是天京屏障，保卫安庆对太平天国意义重大。

在破江南大营后，太平天国马上制定了西征与保卫安庆的战略决策，步骤为夺取苏、杭后，“发兵一支，由南进江西，发兵一支，由北进蕲黄，合取湖北，则长江两岸都是我的，则根本可久大”。八月，陈玉成、李秀成决定按原计划行动，分南、北两路大军西征，约定第二年二三月间会师武昌，逼迫湘军回援武昌而放弃对安庆的攻势。陈玉成、李秀成分率北路与南路大军西进。侍王李世贤、辅王杨辅清、定南主将黄文金、右军主将刘官芳等人马也随李秀成南路大军行动。南路军在皖南与赣北展开了攻势。

曾国藩移营祁门，为的是在皖南阻止太平军由浙、赣进援安庆，以保证长江北岸的湘军全力进攻安庆。同时祁门与赣北的景德镇邻近，湘军在南昌设总粮台，军需物资均经景德镇转运祁门大营，所以皖南与赣北对湘军来说战略位置十分重要。左宗棠还在湖南编练楚军时就向曾国藩表明筹划江西兵事饷事十分关键。曾国藩也意识到：“不患贼之逼我前，而患贼之抄我后，所以须广布局势，稳立脚跟。”于是曾国藩决定由左宗棠率楚军盘踞江西，以力保祁门大营的后路。

就在左宗棠出湘入赣的前后，太平军已经在皖南战场连连胜利。

咸丰十年（1860）八九月间，李世贤、杨辅清等部太平军先后攻占宁国、绩溪、徽州、休宁等地，在祁门东线直逼曾国藩大营。曾国藩急忙于九月五日调左宗棠军从南昌东进驰援。

九月二十日，左宗棠带领楚军抵达赣东北的景德镇。

二十七日，左宗棠到祁门面见曾国藩商议军事，然后又

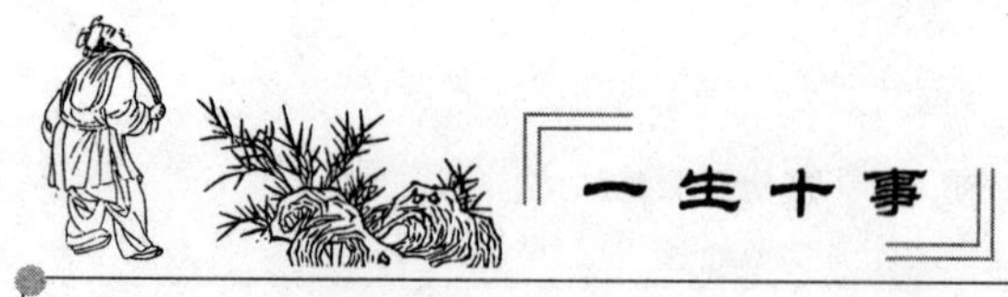

回到景德镇驻守。曾对左“精悍之色更露，议论更平”十分佩服。这时候，太平军兵锋直指曾国藩祁门大营。

十月十九日，李秀成率领太平军攻占距祁门仅六十里的黟县。当时，曾国藩祁门大营十分空虚，只有兵力三千人，假如李秀成能乘势进攻，很可能将大营破除。但李秀成不知曾国藩的虚实，而在黟县调转进军方向，南下改道浙江进入江西。但其他几支太平军还是对祁门形成东、西、北三面围困之势。

十一月四日，杨辅清、黄文金部太平军占领建德，切断了祁门大营北面和进围安庆湘军的联系。十一月九日，黄文金又统领太平军攻占江西彭泽，从西面夹击祁门。十一月十七日，李世贤部太平军又从东面的休宁逼近祁门。因此，祁门大营只有南面的景德镇为其门户了。

左宗棠驻军景德镇后，在十一月初主动出击，攻占德兴和安徽婺源两地，旋因太平军进攻景德镇而回师。左宗棠认为，景德镇“为江西省前门，涤公祁门后户，如果有疏失，不堪设想”。同样，太平军进军赣北，目的也在控制这一地区，以断皖南曾国藩湘军对外联系和粮饷供应的通道。所以双方在景德镇一带展开了激战。

咸丰十年十一月二十五日，黄文金、李远率太平军分兵五路进攻景德镇，并分军攻浮梁。左宗棠在景德镇布置防御太平军。十一月二十八日，曾国藩调派鲍超由皖南赴赣北，增援左军。咸丰十一年正月初九日，左宗棠合同鲍超向太平军发动反击，黄文金抵挡不住，于第二天退至彭泽和皖南建德。左宗棠又派楚军协助鲍超军紧接着追击，攻克彭泽、建德。黄文金部太平军损失很大，只得退守芜湖，不能参与皖南、赣北战事。

黄文金攻打景德镇败退后不久，李世贤部太平军于正月二十七日从安徽休宁攻占婺源，分兵进攻浮梁和景德镇。左宗棠派王开琳率“老湘营”出景德镇抵御。太平军首战失利，随后李世贤亲率大军向西挺进，王开琳败退景德镇。遂曾国藩急调皖南镇总兵率部由建德移防景德镇，左宗棠率军转攻鄱阳。

二月三十日，李世贤向景德镇发动猛攻，全部歼灭了守将陈大富一军，太平军胜利攻克景德镇。左宗棠担心被太平军所歼，遁往乐平。李世贤回师皖南，准备再攻祁门。

景德镇落入太平军手中，导致曾国藩祁门大营粮断路绝。曾国藩亲率湘军从祁门抵达休宁，想攻取徽州，打开通往浙江的饷道，但被太平军打得大败，逃回祁门。曾国藩在绝望之中，写下遗嘱交代后事，坐以待毙。但在此刻，左宗棠在乐平打退太平军。曾国藩绝处逢生。

左宗棠在景德镇之战败退至乐平后，经过休整，乘机出击，于乐平的桃岭、塔前击败太平军。正在向祁门进军的李世贤听说左宗棠卷土重来的消息后，调转军队于三月十三日向乐平发动进攻。左宗棠凭借着乐平背山面河的有利地形，督兵二路在次日大败太平军，以六七千之众将号称十万的李世贤大军击退。

李世贤不得不向东撤退，由赣北进入浙西。左宗棠乘势占取景德镇等地。巩固了祁门的后路，曾国藩很高兴，他向清廷上奏称赞左宗棠“以数千新集之众，破十倍凶悍之贼，由于地利以审敌情，蓄机势以作士气，实属深明将略，度越时贤”。曾国藩还在家书中说：“凡祁门之后路，一律肃清，余方欣欣有喜色，认为可安枕而卧。”清廷根据曾国藩的奏请，马上将左宗棠由襄办军务改为帮办军务，随后又授左宗棠为太常寺卿，左的官位隆至正三品。

左宗棠因此在清廷站稳了脚跟，随后进军浙、闽、粤，官运如日中天，都是以此为跳板的。把握好别人给予你的那关键的一次机会，应该先协调好与此人的关系，成为他的左膀右臂，这样你才会随着他而青云直上，但不能喧宾夺主，恃才放旷。

[成功秘要]

做一件事，成功的关键就在于及时抓住机遇，抓住主要环节，这样即可事半功倍。

在变化中寻找机会

韩信为了收复齐国，派郦食其去劝降，可是齐王田广拒绝不说，还把郦食其杀了。韩信听说，又悲又怒，亲统汉军攻打齐都临淄。虽然齐国君相臣民都亲自上城固守，但由于遭到突然袭击，而且士兵缺乏训练，城池没有修缮，因此抵挡不住汉军昼夜不停地猛烈攻打，几天后，临淄城被汉军攻破。齐王田广逃往高密，田横逃亡博阳。齐国万不得已，不得不向项羽求救。

韩信进入齐都，出榜安民，带兵追赶田广。项羽接到田广求救之时，正在广武山和刘邦对峙，只有派龙且为大将，周兰为副将，领兵20万救齐。龙且带领楚军日夜兼程，不久就与田广在潍水东岸会师，沿岸扎营，绵延几十里。

韩信得知龙且率兵救齐，马上报知汉王，要求调回曹参等二军，也沿着潍水岸边扎营。韩信召集诸将听令："龙且是

楚国名将，依仗武勇而来，只能智取，不可力敌。诸将务必听令……”

众将听令，按照计策各去准备。

龙且也在进行军事部署，与副将周兰计议说：“据我所知，韩信只是一个平常之人。向漂母讨饭吃，没有养活自己的本领，甘心受别人胯下之辱，胆量还比不上中人。这样的人有什么可怕的！”

周兰说：“将军不要这样去看问题。韩信自从攻下三秦以来，所遇之敌，没有不望风披靡的。即使霸王，也被他的车战所败。这人足智多谋，变诈莫测，将军要多加小心，不能大意轻敌。他过去虽然讨饭和受辱，那是因为他知道将来自有大用，不和小人较劲，不能说他无能。”龙且不以为然地说：“韩信一向取胜，是因为没有碰上劲敌。假如碰上智勇双全的人，他还能使用诈谋？”

龙且一副傲慢的神气，派人赴汉营下战书，战书大意如下。

楚大将军龙且告诉汉营诸将。

应该明白：韩信用兵以来，并没有碰上强敌。魏豹不听周叔劝谏，丧师灭国；陈余不听李左车的计策，不终朝被破数十万赵军；燕王胆寒而降服，貌恭而已；夺取三秦之地，偶尔胜之并不是战之功！我今日奉命救齐，将与韩信决战，不是诸国可比。你等从等待毙，不要退悔！

韩信看罢龙且战书，怒气冲天，要斩楚使。诸将力劝，韩信令杖打三十，并在楚使脸上刺上“来日决战”字样，驱逐出营。

楚使回到楚营，哭着说了详细情况。龙且动了真怒，立刻就要出战。

周兰再三劝阻，才勉强过了一宿。

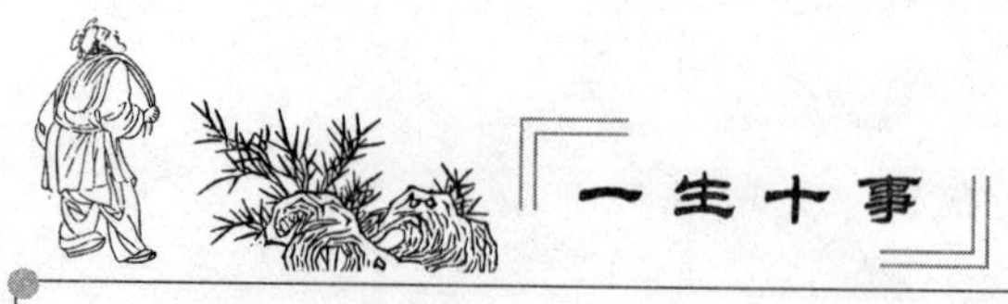

第二天，两军对阵，韩信、龙且各出阵前。

龙且对韩信说："你原来是楚国旧臣，如今背主降汉，作威作福，现已经占有关中大郡，你贪心不足，胆敢抗拒天兵，快早早下马投降，本将给你留条生路。"

韩信大笑："上门送死，还不知道，还敢摇唇鼓舌？"

话不投机，双方开战。没战多久，韩信引兵向东南奔去。

龙且笑着说："我知道韩信胆小如鼠！"率兵在后面穷追不舍。

周兰拍马跟着龙且，望潍水河边而去。到了河边，但见潍水干涸，汉兵趟水而过。

周兰立刻拦住龙且说："潍水本是长流大河，如今却干涸无水，一定是有人阻断上游流水，我军倘若追到河中，必被汉军放水淹溺。将军不可追击！"

龙且不听劝阻说："韩信大败，逃命还来不及，还有什么诡计！河水本来随着旱涝而多少，如今十二月隆冬天气，正是水涸之时，河中自然无水，这有什么奇怪的。于是，汉兵纷纷拥进河中。

有探子传报："韩信就在前面不远！"

龙且听说，没有多想，指挥人马下河，拼命追赶韩信。

龙且追到中流，只见一只斗大灯球，在旁边立着一块木牌："吊灯球斩龙且。"

周兰等将校围过来观看。

龙且说："这一定是韩信见我大兵追赶太急，故意设立此牌，惑乱军心，阻止我军。"

周兰说："怎能一时造出此牌？这一定是韩信诱兵之计。这个地方一定有埋伏，所以设这灯作为信号，现将灯球砍倒，汉兵不战自乱。"

龙且举刀砍倒灯球，只看见两边汉兵齐声呐喊，潍河上游流水汹涌而来，波翻浪滚，疾如脱缰野马，刹那即至。楚兵正在河流中游，尽被大水淹没。龙且听到水声渐近，立即打马前奔。龙且之马乃一匹千里马，一跃便到了岸上。

一声炮响，曹参等率人马杀来。龙且在重围之中左冲右突不能够前进得了半分。慌乱之中，曹参手起刀落，把龙且斩于马下。

韩信素知龙且骁勇非常，性急如火，先激怒他，且命汉军在上游用沙袋截住河水，河中用灯球为标记。灯球一落，就扒去沙袋，放水淹杀楚军。又在岸上埋伏大将精兵，围剿龙且……韩信斩了龙且，军威大振。

齐王田广闻到消息，心急如焚，立即与侄子田光、田横计议说："龙且这样骁勇也被韩信杀了！我如今势孤力穷，哪能自保？与其束手待毙，还不如乘汉兵尚未包围城池，统领人马进入海岛避难。等待天下太平之时，看看楚汉两家成败，那时再作打算。目前即使投降，韩信也不会相信。"

齐国君臣商议停当，第二天清晨，打开东门，一拥而出。韩信闻知，立刻率大军追赶。田广等刚行到二十余里，正遇夏侯婴，堵截厮杀，齐王田广和田光被活捉，田横不敢恋战，杀出重围，逃往海岛避难而去。

田广由于烹杀郦食其，被韩信斩首示众。齐国遂定。

龙且轻敌，中了韩信之计。但还是韩信的计谋起了关键作用。敌人有变化，我方就有机会，因此要想方设法让敌人发生变化，韩信的"激变"之谋取得了如此的效果，没有费多大力气，就水淹楚军，占领了最富庶的国家。

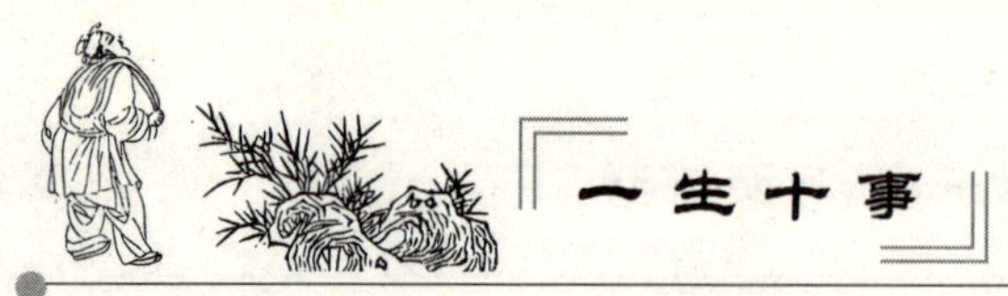

[成功秘要]

大多人失败都是因为不会灵活处理问题。龙且就是这样一个人。韩信自己则静中求变，只是采用激将法，让对方按照自己的要求变化，就仿佛是让敌人自动把脖子送到自己的刀上。

借助机会，掌控大局

1851 年太平天国起义爆发后，以摧枯拉朽之势动摇着清朝的统治，只在一年多时间里，就攻下了半壁江山。清政府被迫改变陈规，广聚人才。很多没有功名的草野之士乘势脱颖而出。左宗棠则凭借他特有的才华和见识，成为其中的佼佼者。

左宗棠对大规模的武装起义早有预感，因此很早就开始谋划对付太平军的策略。当他从他的好友胡林翼那里听说太平军已经进占广西永安时，马上发表了一通如何对付太平军的议论。他说，自古兵法有言，“谋定而后战”，“善用兵者致人而不致于人”。因为清军不懂得这个道理，在作战中不是当主，而是做客，必然是处处被动，经常挨打。他主张清军在太平军营地附近广筑碉堡，步步为营，逐渐逼近，迫使太平军离开营垒，改守为攻。由此则清军可以反客为主，由被动变为主动。

胡林翼听了左宗棠的议论，十分佩服，觉得应该设法起用他，让他发挥专长。所以，多方举荐，希望当权者能注意。1851 年冬，湖广总督程矞采接到胡林翼的荐书，马上修书送

往湘阴，请左宗棠出山。左宗棠在家中读了这封聘函，直摇脑袋。他认为凭自己的才华，不愁没有人用自己，假如想让自己的才能得到施展，自己一定要认真对待，也要选好主子。他要等程矞采像刘备那样诚恳地“三顾茅庐”然后再决定。可惜程矞采远不如当年刘备敬请诸葛亮有诚心，左宗棠没有理他。胡林翼没有死心，等待机会再次举荐。

咸丰二年，太平军越来越大，已经由广西省进入湖南，准备攻打长沙。这时候湖南巡抚骆秉璋奉命调京，由张亮基继任，张鉴于湖南局势严峻，责任很重，就广聚人才以备顾问，并协助处理军政事务。胡林翼听说此消息后，就把乡中有真才实学的人士列名推荐，在推荐信中对左宗棠特别欣赏：“前举衡湘之士七人。左子季高则深知其才品超冠等伦，曾三次荐呈。这个人廉介刚方，秉性刚直，忠肝义胆，与时俗迥异。他胸罗古今地图兵法、本朝国章，切实讲求，精通时务。访问之余，定蒙赏鉴。假如所谋有成，也一定不受赏，更无论世俗之利欲矣。”

张亮基这时正由云贵向长沙进发，到常德时，就赶紧派人到湘阴东山白水洞，请他出山。左复信辞谢，没有答应。胡林翼又写信对他说：

张中丞两次专人备礼走请先生，一阻于兵，一计已登鉴，昨得中丞八月廿三日乔口舟次信，言“思君如饥渴”。中丞肝胆血性，一时无两。林文忠荐于宣宗皇帝，以是大用。先生最敬服林文忠，中丞固文忠一流人物也。去年冬，曾以大名荐于程制军而不能告之先生，固知志有不屑也。林翼非欲浑公于非地，惟桑梓之祸见之甚明，忍而不言，非林翼所以居心。设先生屈己以救楚人，所补尤大，所失尤小。区区愚诚，

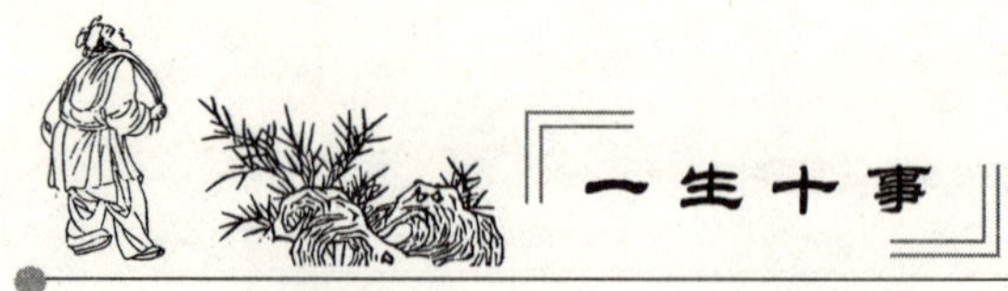

幸蒙深察，且加诮让，且入山从此日深，异哉！先生之自为计则得矣。先代积累二百年，虚生此独善之身，谅亦心所不忍出也。张中丞不世奇人，虚心延访，处宾师之位，运帷幄之谋，又何嫌焉。设楚地尽沦于贼，柳家庄梓木洞其独免乎？

这封信情词恳切，终于感动了左宗棠，使他没有再犹豫。山中同住的郭嵩焘及左宗植也不断苦劝。江忠源也来信劝慰，左宗棠才决定应聘出山。

那时左宗棠已经41岁，他在围城中晋见了张亮基巡抚，两人握手言欢，一见如故。张公立马将全部军事委托给他。此后他的各种建议不仅都能被张采纳，而且会马上付诸实施，其知识和才能也得以施展，有了用武之地，一生功名也就由此开始。

十月二日，左宗棠随张亮基同抵长沙城外。这时候，太平军已经在长沙城南与清军战斗了20多天，但是无力包围长沙城，反而被清军的援军三面包围，只有西面湘江没有清军围堵，形势十分严峻。七日晚，左宗棠同张亮基在枪炮声中缒城进入长沙。在此危难之际，张亮基放手用人，将调兵作战的事全权交给左宗棠处理。左宗棠得到如此信任，也很感激，毫不怠慢。他多方搜集军情，密谋战守，有时竟一夜三惊。他看到太平军连战没有得手，很有可能西渡湘江，因此急忙向张亮基等建议分兵一支，抢在太平军之前占领湘江西岸，尤其是控制龙回潭这个地方，以防太平军西走。

可是因当权者无知，没有听从这个建议。左宗棠当时只是一个幕僚，并不能左右清军的战守大计，而且巡抚张亮基说话也不管用，因为在他之上还有总督和钦差大臣，在他之下又有提督及总兵。就在清军互相扯皮推诿的时候，太平军

渡过了湘江，占领了有利地形，扭转了不利态势。太平军经过的地方，正好是左宗棠建议设伏的龙回潭，当他听说太平军顺利通过时，痛心疾首。

太平军败走长沙之后，左宗棠便与张亮基密谋镇压湖南的各路会党势力。他们首先拿“征义堂”开刀。“征义堂”设在浏阳东乡，聚众达4 000余人。咸丰三年一月二十日，知府江忠源领兵前往进攻，左宗棠要他到浏阳之后，首先张贴告示，“不问是不是‘征义堂’的人，只问为匪与不为匪”，采取分化瓦解的攻心政策。在军事上左宗棠对江忠源强调一个“快”字，命他进兵神速，以快制胜。结果，江忠源仅用了12天时间，就血洗了“征义堂”，杀了700多人，解散数千人。

二月中旬，左宗棠同新升署理湖广总督张亮基离开长沙，前往武昌。10天之后，他们的船到达武昌城下。步入城门，首先映入他们眼帘的是一片瓦砾和废墟，居民们大都神色慌张。进驻湖广总督府后，左宗棠除了协助张亮基出安民告示，还清理湖北驻防官兵，修整武昌的城防工事。他这时已经完全得到张亮基的宠信，大小事，都由他一手操办，不但能够决断军务，就是各州县官的政务报告也由他批复，日夜忙个不停。

七月，太平军攻破江苏南京，作为首都，改名天京。接着，派遣西征部队逼攻江西，湖北的形势越来越紧张。左宗棠同张亮基一道来到黄州，设防田家镇，试图守住湖北的东大门，阻止太平军由江西溯长江进入湖北。九月，当太平军占领江西九江，乘胜西进时，左宗棠敦促张亮基马上调兵遣将，进一步加强田家镇的防务。清军在田家镇编造巨筏，横列长江江面，筏上配备大炮，分派部队日夜驻守。

清廷对人事做了新的调整，于九月下旬谕令张亮基调任山东巡抚，由原闽浙总督吴文镕接任湖广总督。张亮基调离后，左宗棠回到湘阴。

新任湖南巡抚骆秉璋，听说左宗棠又回到了湘阴老家，多次派人送书信和路费请他出山，左宗棠都没有答应。

骆秉璋没有请到左宗棠，不甘心，不久又生出一计。他知道左宗棠对女婿陶桄最疼爱，某一日，便发请柬请陶桄到巡抚衙门做客，并趁机将他留住后花园，不让出门。而且又派人在外扬言，说巡抚“勒使公子捐资巨万，以助军饷，否则将加侵辱”。左宗棠闻讯后大惊，立即赶来抚署请见。骆秉璋听了大喜，倒穿着鞋来迎接，表示尊重，亲自陪左宗棠来到后花园。左宗棠见爱婿无恙，后花园中栋宇辉煌，供张极盛，如礼上宾，这才知是骆秉璋请他出山的苦心，被他诚意所动，才允诺出佐戎幕。骆秉璋见左宗棠肯首，就对陶桄道歉，并以仪仗送回。

来到长沙，他一时与骆秉璋配合并不默契，难免发生芥蒂。但他的办事能力越来越令骆秉璋佩服，他肯办事的热情也让骆秉璋渐渐放心。差不多经过一年后，骆秉璋便已经对他言听计从了。再往后，骆秉璋干脆做了甩手掌柜，左宗棠则成了不是巡抚的巡抚。他可以不经过骆的批准便以湖南巡抚的名义给皇帝上奏。听说有一天，骆秉璋听见辕门外有号炮声，于是问是怎么回事，有人告诉他是左师爷拜发奏折了。骆秉璋不觉得奇怪，只是让人把奏稿拿来看看。当时湖南有人给左宗棠取了个雅号，很幽默地称他为“左副都御史”。尽管骆秉璋作为巡抚，但其官衔亦不过是右副都御史，按照旧的排名顺序，“左”比“右”也就略低一级。

左宗棠给骆秉璋当了 6 年幕僚，所做的事大多数是对抗

太平军。

湖南地处长江中游，同太平天国的军政中心天京有三省之隔，通常情况下不会成为与太平军作战的主战场。可是此时湘军正转战于江西、湖北、安徽，湖南的稳定，对支持湘军、稳定军心十分关键。

作为湖南巡抚的军师，左宗棠对湖南的战略地位有一个十分清醒的认识，并能基于此种认识制定出一套相当正确的对抗太平军的战略方针。这套方针的核心便是以攻为守，积极组织出省作战，拒太平军于湖南省境之外。一旦太平军已经进入湖南，也以积极的进攻迫其撤出。

左宗棠制定这套方针，不仅是替湖南地方利益着想，而且也有利于清政府对太平军作战的大局。牢牢把握住湖南，也就稳住了湘军的战略后方基地，这对于主战场战局的发展具有十分重要的意义。

[成功秘要]

左宗棠出山可以说是一波三折，几乎每次都是做足了秀。按理说，有机会应当马上抓住，千万不能失去。左宗棠却不以为然，他需要机会，但他更懂得什么是真正的好机会。假如抓错了机会，就会像排错队一样后悔莫及。因此，他每次出山，都要做够政治秀。

有利的机会一个都不要放过

成吉思汗同札木合分道扬镳后，成为势不两立的对手，成吉思汗非常清楚，双方力量悬殊，自己不能以力取胜，为

了达到战场的主动权，他就主动撤退。撤到斡难河与客鲁连河两河狭窄之处的哲列涅时，准备同敌人决战，可是等了3天，也不见敌人前来。派出游骑侦察，才知敌人已经退走。于是成吉思汗回头整顿自己的队伍，抚慰伤员，有不少部落先后来投靠自己。虽然，成吉思汗没有取得胜利，可是却增加了不少部众，大喜过望，就在斡难河畔的树林中，举行宴会慰劳大家。

宴席上，成吉思汗由于小事，与主儿乞部发生了不愉快的事件，主儿乞部的部长撒察儿别乞及他弟弟泰出，尽管一再向成吉思汗认错道歉，暗中却怀恨在心，宴会之后，就将成吉思汗怎样骄傲，怎样盛气凌人，怎样不讲道理，胡作非为，实非帝王之相等，到处宣扬，以报复成吉思汗。

各部落的人，皆晓得成吉思汗早年曾经射死自己的异母兄弟别克帖儿，现在表现得志骄气盛，觉得他也是一个胸无大志之人。而且主儿乞部也是合不勒汗长子的后人，成吉思汗的孛儿只斤部落，是合不勒汗的次子之后，所以大家认为，两个兄弟的部落，都不能和好相处，又怎能与其他各部落和好相处呢？以前所传说的成吉思汗才德如何，都是假的。因此很多想前来投奔的部落，都中途改变主意，而希望札木合能够改过向善，他们再去拥护札木合为汗。

成吉思汗了解到事情真相之后，知道是因为自己的骄傲导致的。就和别勒古台、博尔术、者勒蔑、忽必来、速不台等人商议。一些人主张立即攻打主儿乞部，以除去祸根。别勒古台则不同意，他说："我们正准备干大事，怎能对小事不加忍耐，而挑起宗族之间的不睦？应该是自行修德，以感化主儿乞部，使之能够回到身边来。"成吉思汗认为有道理，就听从了别勒古台的说法，暂时搁置，试图用各种方式，将主

儿乞部拉回来。

成吉思汗利用反间计挑起金国与塔塔儿人的战争，然后马上到蒙古各部去宣扬，说塔塔儿人是我们的世仇，杀害祖先的大仇一定要报，并派使者到蒙古各部中说："金国命令各部随军征讨叛逆的塔塔儿部，是报复祖宗大仇的好机会，我们应当全力从征！"他认为利用给祖先复仇的口号，可以重新唤起蒙古部落的向心力，主儿乞部也会应召而来，因此，双方就又能重归于好了。

主儿乞部的领地在成吉思汗领地之北，自从和成吉思汗失和之后，不常来往，此次征兵为祖宗报仇，不敢抗命，可是惧怕成吉思汗在战斗指挥中，加之以罪，迟迟不肯行动。成吉思汗为了使之必来，再次派使者前往劝告说："在前塔塔儿将我们祖宗杀害的怨仇，没有得报。如今金国派完颜襄丞相前来剿灭塔塔儿部，我们应趁此机会，去夹攻他。你们主儿乞部是蒙古名箭手聚集的部族，为祖宗报仇，应当出大力，所以我一定要等到你们前来助战。"主儿乞部首领最终也未前来。成吉思汗等了六天，见主儿乞部竟然放弃为祖先复仇的大好时机不来，立刻明白，他担心主儿乞部会利用他出击时在他后方发动叛变，防人之心不可无，于是他想出一个计策，留下少数老弱残兵看守营地，然后率领整个部族，帮助金人夹攻塔塔儿部。

这次战役，差不多使强大的塔塔儿部落全军覆没，完颜襄由于成吉思汗立下大功，册封他为招讨使。之后，成吉思汗便成为金国的命官，这对于他以后借用金国天子之诏命令蒙古部落，更为有利。

当成吉思汗围攻塔塔儿部最后的一个围寨之时，看到此寨虽然死守，但必定会攻破，不需所有部队都在此硬攻，而

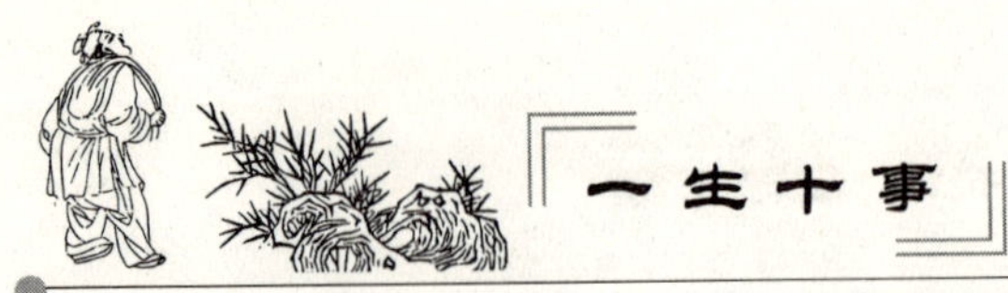

塔塔儿部其他的溃兵，也有王罕前去追赶。他将目光投向了下一个打击目标。成吉思汗判断，主儿乞部一定会趁此机会举兵反叛。所以尽量抽调主力，连夜沿奎屯河南岸西行，各军成分进合击之势，希望一举歼灭主儿乞部。

主儿乞部首领撒察儿别乞与他弟弟泰出，还不知成吉思汗已设下圈套，在听说成吉思汗正率军攻打塔塔儿部的围寨时，认为有机可乘，就出动全部的兵马，连夜赶路，突袭成吉思汗的老窝。然而，攻破这座营寨之后，才发现那只是一座空寨，所留老弱只有60人，撒察儿别乞一气之下，杀死其中的10个人，将余下的50人全部剥光衣服，让他们报告成吉思汗。万万没有想到，这50人还没有出营寨，成吉思汗的部队便由四面八方攻进寨来。

主儿乞部的人，没有想到会有这种情况，觉得成吉思汗的人马是从天而降，一时都吓得目瞪口呆，怎能还有斗志还手搏杀，结果全部被成吉思汗俘虏，仅有主儿乞部首领撒察儿别乞和他弟弟泰出，慌乱中各夺得一马，拼命冲出寨外，向北逃去。成吉思汗见他二人逃出，派出精兵快马，随着他们的足迹紧紧追赶，终将这二人活捉，押回营寨。

成吉思汗派人把撒察儿别乞、泰出押到自己面前，历数他们兄弟二人的罪过说：“以前在斡难河林边宴席上，你的人将厨师打了，而且还将别勒古台肩部砍伤，我看在兄弟分儿上，都不深究，只求和平相处。可你们却一直不想同我和好，这次为祖宗报仇，你们都是蒙古祖先的子孙，应该出力，但你们却忘掉祖仇，等了六天也不来。不去报仇也罢，你们却依附仇家，帮助仇家，来把本家当做仇人。当时你们推选我为汗时，都是怎么说的？如今应该实践你们自己当初的誓言吧！”撒察儿别乞二人羞愧难容，引颈受戮。成吉思汗把主儿

乞部的人分给了诸位将领。

成吉思汗多藏了一个心眼，简直是举手之劳，就消灭了一个强大的敌人，巩固了自己的实力，确实是用变的高手。

[成功秘要]

变也是一种计谋，成吉思汗是靠胆识、靠善于用变起家的。他的变简直到了出神入化的境界。国外的资深研究专家归纳成吉思汗的成功秘诀，只提出了两个字：诡计。成吉思汗的变，奇在活学活用，百变灵通，叫对手始终摸不着头脑，只好听任他摆布。

势：

韬光养晦，乘势而起

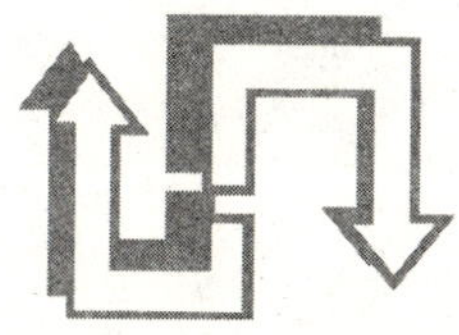

不经一番风霜苦，难得蜡梅吐清香。人生不如意事十之八九，在挫折中才能检验出一个人的品质。历史上，无论成就大事者还是小有建树者，无一不是经历挫折，忍苦耐劳，敢于直面困境，积极主动地寻找解决、摆脱困境之道，最后取得了成功。

借势成事

诸葛亮出山辅佐刘备成就大事的当务之急，是在荆州发展势力。因此，他注意结好刘琦，以便相机控制荆州。

刘备投靠刘表之后，刘表对他抱着怀疑和排挤的态度，可是刘备在荆州的影响越来越大，“荆州豪杰归刘备者日益多”。

而且刘表统治集团内部矛盾也日益凸现，这主要反映在争夺继承权的问题上。刘表有两个儿子，长子刘琦，次子刘琮。一般情况下，长子刘琦应该是刘表的继承人，刘表也有这个打算。可是刘琮的妻子是刘表后妻蔡氏的侄女，蔡氏在刘表面前说刘琦的坏话，而且蔡氏的弟弟蔡瑁掌握实权，同刘表的外甥张允联合在一起，拥护刘琮，刘表也就倾向于立刘琮了。

因为刘表“爱少子琮，不悦于琦”，刘琦感到自己难以继承父业，而且势单力孤，有遭到杀身之祸的危险，心里十分害怕。他接近刘备，想借助刘备的势力，维持生存。在刘琮的压力下，刘琦多次求计于诸葛亮。

诸葛亮对刘表早就持不合作态度；他在隆中山林长期躬耕自给，在政治上不靠拢刘表，便是一个例证。《隆中对》中先占有荆州的计划，也表明了这一点。

诸葛亮对刘表集团内部的矛盾十分清楚，对刘琦的处境也是了解的。虽然他不满意刘表偏爱刘琮的做法，但认为对刘表家中的事情，不能贸然介入，不然不仅帮不了刘琦的忙，反而危及刘备在荆州的地位，所以他很慎重。刘琦头几次求

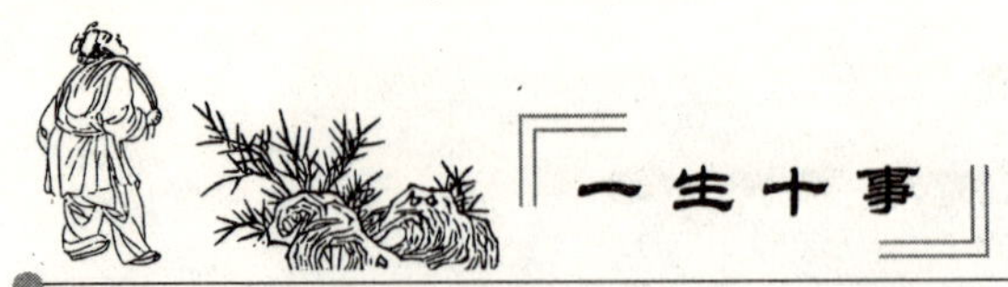

他，他都有意岔开，不表明自己的态度。最后一次，诸葛亮才为他指点迷津，刘琦明白了诸葛亮的意思。之后他决定出走，免遭杀身之祸，到外边去占一块地盘，同时寻机发展个人势力。而诸葛亮这样做的打算则是与刘琦联手，控制和利用刘琦的力量，或将他作为外援，以便相机图取荆州。

公元208年春，刘表的江夏太守黄祖被孙权军队杀死，刘琦乘机请命出任江夏太守，率众屯驻夏口。此时，刚称丞相的曹操正在中原操练兵马，还在冀州邺城开凿玄武池，专门训练水军，准备南征荆州。

孙权杀掉黄祖后，尽管停止进击，但对荆州还是个严重威胁。这种局面使卧病在床的刘表，非常担心，寝食不安。这时他对刘备的戒心还没有完全解除，但在大敌当前的情况下，只好借助刘备的力量以图自保。所以他把刘备请来商量对策，语重心长地对刘备说："我的儿子没有才能，手下诸将也各揣心腹事，我死之后，你就掌管荆州吧！"刘备回答说："公子都是贤才，我一定尽力协同，你尽管安心养病好了。"之后，刘备提出愿意屯兵樊城，以保卫襄阳，刘表应允。

樊城离襄阳十分近，是刘备笼络人才、扩充实力、相机夺取荆州的好地方。

刘琦听说父亲病危，马上由江夏赶来。蔡瑁、张允等怕刘琦同刘表见面，"父子相感，更有托后之意"，拦阻刘琦说："将军（指刘表）命公子镇抚江夏，防备孙权，任务重大，假如擅离职守，跑了回来，将军看到了一定发怒谴责你，这就要伤亲人的心，加重他的病情，这不是孝敬的做法。"刘琦只好流涕而去。

同年七月，曹操亲自领兵南征荆州。起前问计于荀彧，荀彧说："现在中原地区已经平定，割据南土的刘表一定知道

自己面临危困了。明公可以大张旗鼓地出兵宛、叶，而且以轻兵从小道速进，出其不意地掩袭刘表。”曹操按计领兵出发了。不久，刘表病死，刘琮继任荆州牧。刘琮一伙被曹操的声势吓倒了，决定投降曹操。

当刘琮同手下亲信商量要不要依靠刘备的力量抵御曹操时，傅巽说：“凭借刘备的力量还不能抵御曹操，就是保全了楚地，也不能用来保存自己，如果利用刘备的力量抵御了曹操，那么刘备是不会久居将军的位置之下的。”刘琮听后，便不通知刘备，暗暗派人去迎接曹操。

当刘备知晓刘琮投降的消息后，曹操的大军已经到达宛城，离樊城不远了。刘备派人追问刘琮，刘琮派宋忠到刘备处“宣旨”，意思是也让刘备归顺。刘备大怒，拔出佩刀，指着宋忠说：“现在就是砍下你的脑袋也不能解我心中的忿恨。假如杀掉你，我还不愿意让人觉得大丈夫在临战时还拿你们这些庸碌之辈消气！”遂将宋忠放了。

宋忠去后，刘备同手下人商议对策。经过计议，刘备、诸葛亮很清楚仅凭自己的力量是抵御不了曹军进攻的，只得率军向江陵方向撤退。而且，诸葛亮建议刘备派关羽领水军由汉水到江夏向刘琦求援，请他派军队、战船接应，最后会于江陵。

当刘备率军路过襄阳时，诸葛亮得知刘琮已经投降曹操的情况，劝刘备攻打刘琮，“荆州可有”，而且也不会影响同刘琦的关系。刘备认为这样做不利于笼络人心，回答说：“吾不忍也。”还有人提出将刘琮及其亲信劫往江陵，刘备又说：“刘荆州临亡托我以孤遗，背信自济，吾所不为，死何面目以见刘荆州乎？”也没有接受这个建议。

刘备没有采纳诸葛亮的建议，除了是为了脸面上的不

“失道”，对争取人心有好处外，也是考虑当时的形势后做出的决定。在曹操大军压境的危急情况下，就算降服了刘琮，也是抵挡不住曹军的进攻的，占据荆州没有用，最后还是得离开，所以只有避开其兵锋，逃至他处，保存自己，寻找时机，计划再起。假如从这一角度来看，刘备当时不取荆州，不算什么错误。

但从另一角度来看，即如果刘备采纳诸葛亮的意见，打败刘琮势力，占据荆州，取得荆州之主的名义，就算接下来不敌曹操，败走求援，有可能不会出现以后刘备、孙权之间“借”荆州、“索”荆州那样麻烦的问题了。但是，这不是诸葛亮起初所能料及的。

正在刘备离开襄阳时，“荆楚之士，从之如云”，也有许多老百姓跟着南撤，人数达十万多，辎重达数千辆，行动很慢，一天只能走几十里路，眼看曹军就要追上了。有人建议刘备不要管老百姓，赶快退守江陵。刘备不同意，说：“要成就大事，一定以人为本，现在既然人们肯跟随我，怎能忍心丢开他们不管呢?”仍坚持与众人同行。江陵是个军事要地，屯积大量军械粮草，曹操唯恐刘备抢先占据这里，于是率五千精锐骑兵，以一天一夜行三百多里的速度追赶。而在刘备退到当阳长坂，曹操的骑兵追上了，刘备军队被打得大败。十多万老百姓被冲得七零八落，许多人马和辎重被俘获，刘备的甘夫人及儿子刘禅在赵云的救护下才得以脱险。徐庶的母亲被曹操俘获了，这迫使徐庶不得不归附曹操，以保存母亲性命。徐庶在离开刘备时指着自己的心说：“原来想同将军共图王霸之业，现在失去老母，方寸已经大乱，再也不能做有益于将军的事情了，请从此分别。”刘备没法再挽留，徐庶就这样离开了刘备和他的好友诸葛亮。

刘备同诸葛亮带领溃败的人马，仓皇南逃，由于通向江陵的道路已经被曹军截住，他们只好放弃退守江陵的打算，同张飞、赵云等向汉水方向撤退，同由水路赶来的关羽会合。这时，江夏太守刘琦也率部前来接应，刘备一行便随之退到夏口去了。

在危急之时，刘琦没有投降大兵压境的曹操，也没有投靠势力较强的孙权，而是前来接应败逃的刘备，起到了外援的作用。这表明诸葛亮结好刘琦的做法是成功的。

诸葛亮结好刘琦，不仅对后来联吴抗曹取得赤壁之战的胜利有着重要的意义，而且对占据荆州计划的实现，也有着重要的作用。

[成功秘要]

借人得利、借势而起，是大多人渴望已久的成功手段，但是又有几人能收到这种美好的效果呢？小人总喜欢采取“偷”的方式去得一点利、一点势，却不知这根本成不了大气候，诸葛亮借人得利、借势而起，完全显示出一种志存高远的政治家的胸怀，他辅佐别人，而成就了自己。

养精蓄锐，东山再起

重耳是春秋晋献公的儿子。晋献公在夫人死了以后，把他最宠爱的骊姬立为夫人。骊姬想立自己的儿子奚齐为太子，就逼死了太子申生，而且想阴谋杀害比奚齐年长的公子重耳以及夷吾。重耳同夷吾于是分别逃到国外去避难。

公子夷吾在晋献公死后，在秦穆公的帮助下，于周襄王

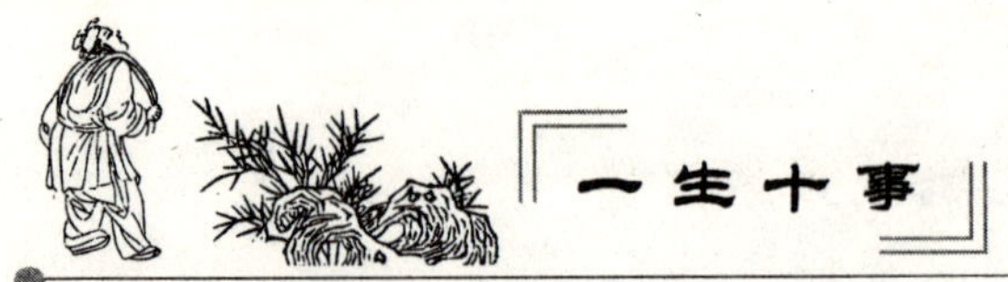

二年回国当上国君，便是晋惠公。

晋惠公在即位的第十四个年头时得了重病，不能临朝。留在秦国做人质的太子圉得到这个消息，担心君位被人抢走，乘天黑逃归晋国。晋惠公也担心公子重耳归国抢夺君位，着急得寝食不安。大夫郤芮献计说："重耳在外流亡，但也是个祸害，不如设法把他杀了。"晋惠公就派了一个叫勃鞮的人去刺杀重耳。

重耳逃出晋国以后，一直住在狄国，这一住就是12年。晋国有才能的人，像咎犯、狐毛、狐偃、赵衰、介子推等人全跟随他。某一天，狐毛、狐偃兄弟俩收到父亲狐突的信，信中写道："有人三天内即去谋刺公子，立刻作准备。"他们赶快报告重耳。大家商量准备逃往齐国。次日，重耳还在收拾行李，只见狐毛、狐偃惊慌地跑了过来说："我父亲现派人送来急信，说杀手如今提前动身了，让咱们赶快离开！"闻听此言的重耳，扔开行李，撒腿就跑，一口气跑出了城外，等了好久，跟随他的人才陆陆续续地赶了上来。大家商量了一下，感到到齐国去能安身。

从狄国向齐国去，必须通过卫国。但是卫文公却不让重耳进城。没有办法，他们只能绕道走。一路上无依无靠，没有干粮，只得沿路乞讨。

有一天，他们走了几十里路不见人家，太阳当午了，还没吃上早饭，肚子饿得直叫，看见远处大树下一伙农夫正在吃饭，议论着年景收成。重耳叫赵衰向他们要点吃的。农夫们看着这群贵族打扮的人说："我们自己都没有吃的！连野菜都吃不上，没有多余的送人。"另外一个农夫从田里捧来一大块泥土，递到重耳面前说："把这个给你吧。"重耳立刻大怒，拿起马鞭，便要打那个农夫。赵衰看见农夫们全都怒目相视，

急忙劝阻说："想弄点儿粮食不难，要弄片土地恐怕就难了，老百姓送给我们泥土可是好兆头啊！这是上天借他们的手对我们的恩赐，得土就是得国啊！"重耳忍气上车，往前赶路。他们饥一顿饱一顿，不知走了多少日夜，才到达齐国。

齐桓公听说重耳投奔到来，知道重耳将来是个有作为的人，立刻派人来迎接，给他们安置住处，提供车马，送肉送米，招待得特别周到，并将本家的一个美女齐姜嫁给重耳做夫人。重耳异常感动，更加感激齐桓公，在齐国前后住了七年。齐桓公在周襄王九年死了，齐国的五个公子争夺君位，国势越来越弱，追随重耳的几个人商量要离开齐国。

然而重耳迷恋目前的安逸生活，整天陪伴着齐姜，也不愿意再离开齐国了。赵衰等人要想见他一面，也很难。魏犨是个直性子的人，早对这种情况不满，骂骂咧咧地说："我们以为公子是个有作为的人，所以情愿随着他东奔西跑。他现在只知道吃喝玩乐，陪着老婆，我们想见他一面都如此困难，难道一辈子就这样下去吗？"咎犯说："各位不用着急，想让公子振作起来，我倒有个主意。"赵衰说："你有什么好办法？"咎犯说："这里说话不方便。"就拉着他们几个人，来至城外桑林的深处，大家都坐在地上。咎犯说："我们不离开这里不行了！大家去把行李准备好，公子只要出来，咱们就说请他到郊外打猎，一出了城，我们赶车就跑，他能有什么办法？可是就是不知上哪国去好。"赵衰说："宋国总想当霸主，他们很需用人，咱们去找宋襄公试试。如果不行，再到秦国或者楚国去。"

咎犯又说："宋国大司马公孙固同我是朋友，我想可以到宋国去。"这几个人认为他们谈话没人听见，商量好了就立刻去准备。没想到齐姜的几个使女正在树上采桑叶，听见了他

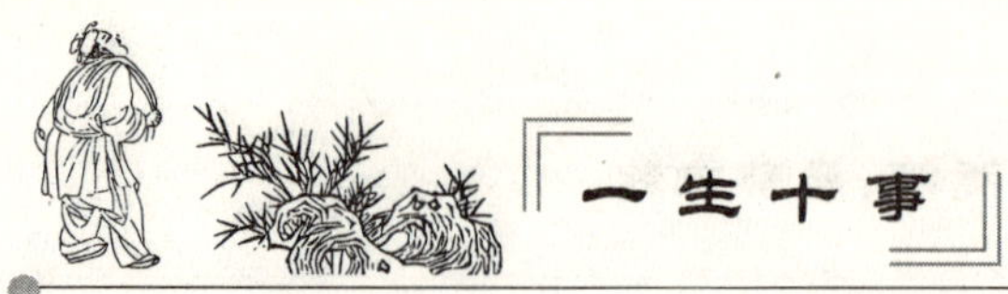

们的谈话；回去后全部报告了齐姜。齐姜恐使女们把消息说出去，将她们杀了，随后对重耳说："我听说您要离开齐国。"重耳说："谁说的？这儿挺舒服。又有你陪伴着，我怎能走呢？"齐姜对他说："您放心去吧！一味贪图享乐，会把您毁了。再说，夷吾目前已经闹得众叛亲离，晋国连年得不到安宁。公子借这个机会回国，君位必然能够得到，开创霸业。"可重耳就是不从。

次日天刚亮，赵衰等来请重耳，重耳正在酣睡。齐姜将赵衰叫了进来，问他何事。赵衰说："公子过去在狄国时，每天乘车驰骋，现在长久没出去活动，担心他闷坏了，想请他去打猎。"齐姜笑着道："您别讲笑话，去打次猎，为什么要做远行的准备？"赵衰、咎犯等闻后大吃一惊。齐姜说："你们不用骗我了。你们商议的事，我全知道了。我很敬佩你们的一片忠心，我也曾经劝过公子，但是他不听，这回我一定给你们提供帮助。今日晚上我陪公子喝酒，把他灌醉，你们趁天黑把他拉出城去，做你们的大事去吧。"咎犯等见齐姜是位不平凡的女子，不由肃然起敬。

当晚，齐姜在宫内摆下酒席，请重耳喝酒。重耳问说："今日晚上怎么这样大摆酒席啊？"齐姜说："我听说公子就要远行，特地设宴饯行。"重耳道："人生有限，只要能舒适如意，不要去想别的事？"齐姜说："公子应该有志向，听取手下人的忠告，干一番大事。"

重耳听了很不高兴，撂下酒杯不喝了。齐姜怕将事情弄糟了，笑着说："算了，算了，若要是走呢，那是公子的志向，这酒就算饯行；如果不走呢，那是公子待我的一片深情，这酒就算表示我对您的感谢。来！让我们举杯畅饮吧！"重耳这才转怒为喜，一杯接一杯地喝起来，加上齐姜不断劝酒，

少许便醉得不省人事了。齐姜立即派人去叫咎犯，咎犯等人七手八脚地将重耳抬上车，连夜离开了这个城。他们一口气跑了五六十里，才放缓了脚步。此时已是雄鸡啼晓，东方既白。重耳翻了个身，感觉摇晃得厉害，睁开双眼一看，只知道自己是躺在车上，但不知到了哪儿，当时大怒，骂道："你们要造反吗？怎么不同我商量就把我弄出了城？"说完，从魏擎手里抢过戈就向咎犯刺去。咎犯赶忙跳下车。重耳便下车追赶。大家连忙婉言劝他，重耳气哼哼地说："这次假如成功，就算了。如果不成功，我剥下你的皮，吃下你的肉！"事到如今，重耳也没有办法，只得和大家一起上路。

重耳一行人来到曹国。曹共公是个贪吃喝图玩乐的人，他身边的大臣大都是趋炎附势的奸人，对重耳这位落难公子傲慢无礼，不愿搭理。所以。重耳在曹国只住了一夜，次日就动身往宋国去了。

宋襄公在战斗中大腿受了伤，正在养伤。他尽管被楚兵战败，但对称霸之事还念念不忘，总想找到能人帮助他，重整旗鼓，报仇雪耻；现在他听说重耳来投奔他，很高兴，马上就派公孙固去迎接，下令要用国君的礼节招待重耳。但是宋襄公有心无力，加上伤势越来越重，没有能力帮助重耳回国。咎犯等人见到此种情况，只得告别宋国君臣，来到楚国。

重耳受到楚成王非常隆重的欢迎，楚国用招待国君的礼节招待他。楚成王待重耳越恭敬，重耳表现得越谦虚。可是这一回，重耳跟住在齐国的时候不一样了，他现在总是会想到回晋国这件大事。有一日，二人谈得正高兴，楚成王问重耳道："公子若回到晋国，如何回报我呢？"重耳说："珠宝金银，您多的是；异兽珍禽，本为楚地的特产。我真不知道用什么报答您。"楚成王笑着道："尽管我们什么都有，可你就不想报答我吗？”重耳说：“果真托您的福，我能够回到晋国，一定与楚国和睦相处，将来一旦两国打起仗来，我必定下令晋军退避三舍，来答谢您的恩情。”古时候走路，三十里为一舍，“退避三舍”，就是向后退九十里。楚成王认为重耳是说笑话，他也笑了笑就过去了。楚将子玉却气坏了，他和楚成王说：“重耳狂妄自大，他居然想将来跟咱们较量，野心真不小，趁早将他杀了吧！”楚成王说：“怎么能这样呢？晋公子志向高远，跟随他的人也都有才干，将来一定会成大事的。”从此，楚成王更加器重重耳了。

这时，秦穆公在各处打听重耳的消息，听说他正在楚国，马上派人来接。楚成王同重耳说：“秦伯派人来接您了，他将帮助您回国，这真是再好不过的事情。”重耳听到了这个消息非常高兴，他知道秦国力量强大，送他回国没有问题，但他为了向楚成王讨好，假意说：“我宁可跟着您，不愿去到秦国。”楚成王道：“可别这么讲。我国离贵国远，而且中间还隔着好几个国家；秦国与贵国紧挨着，早上出发晚上就到了。再说秦伯和晋君有矛盾，他对晋君很不满意，他一定会尽力帮助您的。不要犹豫了，快走吧。”重耳告别了楚王，带着一行人向秦国而去。

重耳到达秦国，秦穆公热情接待，而且把居孀的女儿怀嬴也嫁给重耳。

有一天，大家正当高兴谈笑的时候，狐毛、狐偃兄弟两人跑了进来，捶胸大哭，要重耳为他们报仇。原来在晋惠公死后，继位的怀公（即公子圉）同他父亲一样，日夜担心重耳回来抢夺王位，下令凡是追随重耳的人，三个月内一定要回国；过时不归，或者在国内的父兄没叫他们回来，全都处死。狐突因为不愿意招他的两个儿子回来，就被晋怀公杀了。

重耳把这事告诉了秦穆公，秦穆公说："这乃天赐良机，不要错过，我亲自率兵送你们回国。"

周襄王十六年，秦国大军抵达黄河。秦穆公派公子絷率兵护送重耳过河，自己带兵扎营黄河西岸，以作为接应。

公子絷护送重耳过河以后，连续攻下好几座城。晋军大将吕省、郤芮看到秦军来势凶猛，又见人心全向着重耳，就同公子絷订立盟约，投降了。晋怀公弃城逃命，没过多久就被人杀死。晋国的文武大臣拥戴重耳为国君，就是历史上所说的晋文公。

晋文公从43岁起逃难，到即位的时候，已经是62岁了，也就是说，在外邦颠沛流离，前后整整有19年。长时期的流亡生活，使得重耳和他手下的那班大臣，不仅磨炼了意志，而且开阔了眼界，更在政治才能上有了很大的进步。重耳做了国君以后，汲取所到各国的经验，用来改组国内政治，安抚人心，晋国很快就壮大起来了。

［成功秘要］

事物的发展一般不是一帆风顺的，当时机还不很成熟时，倘若一味朝着目标迈进，就有可能损兵折将，碰一鼻子灰。但如果能够精识时务，在不利的情况下暂时退后一步，避开危势，等待机遇，再伺机而动，就有可能成功。因此，如果不能进时，就退。先退出来，然后再图进取。有时退步，就是为了进步。低调退守可以麻痹他人，能给人造成已经战败认输的错觉。

如果你的强劲对手认为你已经战败认输，他就会认为你已经不再能够威胁到他，不再是他的对手了。那么这时，他往往还有其他更重要的事情要做，所以，会把你暂

时放在一边，或者干脆不管你，这样，你就可以养精蓄锐，再展宏图。

借别人力量打败对手

公元前677年，周釐王胡齐死了，他的儿子阆即位，即为周惠王。周惠王想巩固自己的王位，将王子颓罢黜，可如此一来，却给自己埋下了祸根。

王子颓是周惠王祖父周庄王的爱子，宠姬姚氏生的。当初周庄王在位时，对王子颓十分宠爱，特选派大夫伟国做他的师傅。周庄王是在公元前681年死去的，王位由嫡长子胡齐继承，是为周釐王。周釐王在位5年后死去，又把王位传给了儿子阆。王子颓早就因没有得到王位而耿耿于怀，现在又遭罢黜，更加愤恨不已。他勉强接受了周惠王的处置，却仿佛一只被暂时制服的猛兽，等着有一天再反扑过来。

王子颓深知，欲夺王位光凭自己单枪匹马是远远不够的，一定要网罗人才积聚力量。正好在这时，周惠王又做了一些操之过急、有失理智的事：他强占了王子颓师傅伟国的菜园作为自己的禽兽畜养场，而且还强占了大夫边佰的房屋，强夺了大夫禽祝跪、詹父二人的田产，并且宣布取消膳夫石速的俸禄。这五位大夫受到侵害后，对周惠王十分不满。王子颓不失时机地和他们勾结起来，准备向周惠王夺权。

周惠王二年秋天，伟国、边佰等五大夫伙同另一个对周惠王不满的苏氏发动了政变。他们组织了一些兵马，进攻周

惠王。不料，周惠王预先得知了五大夫的企图，对他们进行了有力的还击。五大夫的政变失败了，他们被迫逃往苏氏的封邑温。其中，苏氏事奉着颓逃到卫国，试图借助卫国的力量再把周惠王推翻。卫国国君也愿意帮助颓，联合燕国的军队攻打周。此年冬天，颓在卫、燕二诸侯国的支持下当上了周王，周惠王则随同来周调停王室内乱而未果的郑厉公逃到郑国都城栎避难。

颓并非是一个贤明的君王。他当上周王之后，沉湎于歌舞酒色之中，尽情享乐，没有一点节制。周惠王三年（公元前674年）冬天，在一次宴请边佰、伟国的宴会上，颓下令"乐及编舞"，奏遍所有的乐舞，等到疲倦了，才让乐舞停下来。

此事很快传到郑厉公耳中。他和虢公丑说："我听说，悲哀同高兴突如其来，灾祸就一定会到来。现在王子颓观赏歌舞没有止尽，不知疲倦，这是把祸事当成乐事。掌管刑狱的司寇杀了人，国君还要减膳撤乐，何况敢以祸患为乐呢？临危忘忧，祸患必定会到来。我们何不让周天子复位呢？"

郑厉公这些话正说到虢公丑的心坎上。他感到，趁颓荒于理政，疏于戒备的时候，恰恰可帮助周惠王复位。因此，他毫不犹豫地回答说："这也是我的愿望啊！"

周惠王得知郑、虢两诸侯要帮助他，十分高兴，道不尽感激之情。他期待着能够借风行船，重返王位。

周惠王四年春天，郑厉公和虢公丑在郑国的弭地见面，说好一起攻打颓。夏天，郑、虢的军队同伐周都王城。郑厉公事奉周惠王从王城的南门杀入，虢公丑率军从北门进入。颓没有准备，同五大夫一起被杀死。周惠王又登上了王位，

把失去的权力重新夺回自己手中。为了答谢郑厉公、虢公丑的大力相助，周惠王将虎牢以东原郑武公的旧地封给郑厉公郑伯，将酒泉赐给虢公丑。

[成功秘要]

古代一些臣子，为了击败敌手，很多是借力打力，自己不出手，而是借别人的力量打败对手，手段十分高明，阴而不露声。周惠王凭借郑厉公和虢公丑的力量，夺回失去的权力。而郑厉公、虢公丑也同样借势行船，找到理想的归宿。

因地制宜才是明智之举

早年成都平原，在李冰的特意经营下，完成了千古的工程——都江堰。这不仅是当时最大的水利灌溉工程，而且是益州农民的生活命脉。诸葛亮对都江堰十分重视，把它看成是发展农业生产的重要保证。因此，他设置专门的堰官，负责保养、整修及管理，而且有1 800多名壮丁常驻在堰区中，以保证都江堰永远维持“最佳状况”，提高灌溉能力，在蜀中农业生产上，能发挥最大的作用。

当然新增的水利设施也很多，现在成都市西北郊的柏河上，有一条4.5公里的长堤，名叫“诸葛堤”。这是当年诸葛亮为了防止洪水冲坏低洼地区农作物，特别编派人员修建的。那时候，成都平原的“天府之国”，牛羊遍野，禾苗茁壮，旱涝保收，一片丰饶景象。

盐和铁始终都是益州的特产，也是民生经济发展的重要资源。东汉时期曾经废止盐铁经营禁令，转交给民间经营，

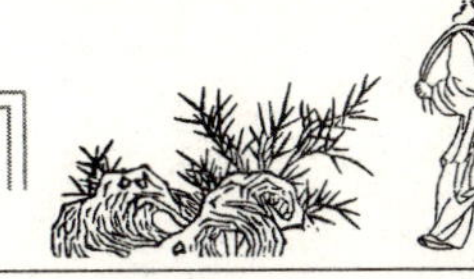

但是地方官吏勾结豪强，掌握盐铁的经营权，哄抬价格，造成民生困难，国家收入锐减。

刘备定益州后，在诸葛亮建议下，重组盐铁公营机构——“司盐校尉”和“司金中郎将”，负责管理盐铁的生产和农器、兵器等的制造，不允许豪强或官商勾结，私自强占国家资源。

蜀中的煮盐业，在汉王朝时已经十分发达了，出产的盐是井盐。在临邛、广都、什邡等地都有盐井，蜀地居民也熟练于煮盐的技术，一些地方已懂得使用火井来煮盐。

根据张华的《博物志》记载，临邛有“火井一所，纵广五尺，深二三丈……诸葛丞相曾亲往视之，后火转盛热，以盆盖井上，煮盐得盐”。

《诸葛亮故事集》卷五，也记载蜀国有盐井十四口。这些记载有的属地方传说，不一定符合史实，但是诸葛亮对火井煮盐技术一直非常重视和关心并努力推广一事，应可确认。

从成都市郊汉墓出土的盐井画像砖图像，不难看出当时井盐的生产情形。盐井大多都在山里，井上搭建相当高的架子，并架上滑车。工人站在架上，利用滑车上的吊桶提取卤水，之后用笕筒将卤水引入盐锅里去煮，煮掉水分，剩下来的便是井盐了。

蜀中有个叫做仁寿的山区，蕴藏着丰富的铁矿，所以有铁山之称。诸葛亮利用它来铸造兵器和农器，也就是历史上记载“采金牛山铁”铸剑的故事。诸葛亮非常重视技术的改良，益州人蒲元，是炼钢高手，以“熔金造器，特异常法”著名，诸葛亮提拔他为蜀汉官吏，来全面提升蜀汉兵器的品质。

战国时由于时代的需要，铸铁技术进步非常快。到秦汉时，人们已能掌握淬火等热处理铸剑的技能，所铸造出的兵器相当锋利坚韧。汉武帝时代，就凭着这种兵器，大大增加了汉王朝军队作战能力。

蒲元在斜谷为诸葛亮打制兵器时，察觉到水质不合乎淬火的要求，还派专人到成都取水。他铸造出三千把钢刀，为检验其锋利，用竹筒装满铁珠，再以刀砍之，竹断珠裂时，没有人不感到惊讶，称它为“神刀”。

但是，铸铁的另一大功能，是改良农具，使土地能作高度开发，对生产力的发展帮助很大。

《三国志·王连传》曾记载：“蜀汉司盐校尉，较盐铁之利，利人很多，有裨国用。”

蜀中地区还特产罗锦，锦纹分明，绮丽多彩，十分美丽。从四川广汉东汉墓出土的“桑园”画像砖，和成都附近曾家包东汉墓出土的汉代石刻画“织机”的图像，都能看出在东汉时代四川早已广种桑树，丝织手工业十分发达。

刘备平定益州后，在赏赐诸葛亮、法正等功臣时，便有大量的“蜀锦”。诸葛亮后来上刘禅的议奏中，同时表示：现在百姓还贫穷，国家还空虚，如果想在对敌军事行动中有充足的财力资源，只能依靠发展织锦业。为了抓好此项工作，诸葛亮设置锦官，组织人力贩运到曹魏、孙吴控制下的广大地区，赚回了大宗的物资以及货币。在诸葛亮的鼓励下，蜀锦生产空前地发展起来。因为产销两旺、民殷国富。百姓们为了赞扬诸葛亮发展蜀锦的功绩，称蜀锦为“武侯锦”，而经常用于濯洗蜀锦的南河，又称为锦江，成都也被誉称作锦城。

诸葛亮之家，设于成都附近双流县东北4公里的地方。在给后主的章表里，写到他家有桑800株，由此可见他对养

蚕业的重视，令自己的家人也投入了生产的行列。

在他的倡导下，蜀锦的生产量增加很快，据史书记载，蜀汉亡国时，库存的蜀锦及彩绢各有20万匹。

在范晔所著的《后汉书》中，记载曹操曾派人到蜀买锦的事。裴松之在《三国志》注引中，同样有以蜀锦作为国礼，赠送孙权的记载。可见蜀锦在当时名声之高。这样的名物，对蜀汉经济发展有了很大的帮助。

[成功秘要]

因地制宜，主要是指要把自己的套路搞活，对具体问题进行具体分析。诸葛亮善于因地制宜，总能想出许多精彩的高招，从而把事情办得更加圆满。

藏锋敛锷能为自己积聚实力创造时间

三国时，河东的卫固、范先实权很大。河东太守王邑被调离之后，卫固、范先就以请王邑回河东为名，与并州高幹暗中往来，想举兵反叛曹操。曹操知道后对荀彧说："河东山川险峻，是天下的要地。落入卫固等人手中，为害一定很深。请你替我举荐一人，派去镇抚。"荀彧说："镇抚河东，杜畿能去。"曹操便委任杜畿为河东太守，前去执政。

杜畿上路了，但没有等他到河东境界，卫固等人已得到消息，派几千人守住关口，不允许杜畿入境。有人对杜畿说："应带大兵前来征讨。"但杜畿却另有考虑，他说："河东有3万百姓，不是全部都是叛乱之人。假如以大军进攻，高压之下原本一心向善之人也会因为恐惧而听从卫固。卫固控制了

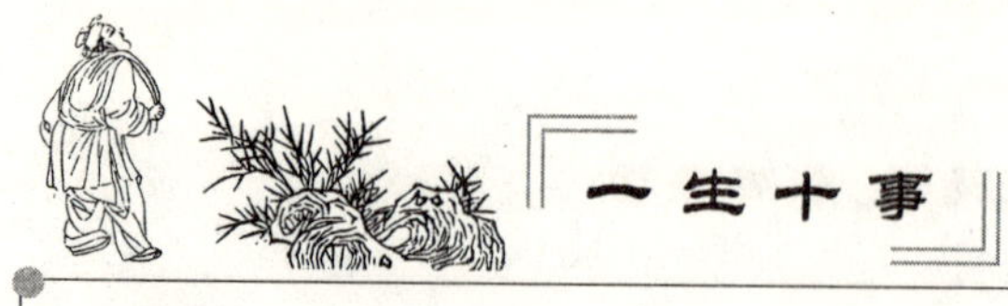

百姓，一定会拼命死战。在这种情况下进攻征讨，假如不能取胜，就会引致附近各地的叛乱，天下便永无宁日；如能侥幸获胜，也会对河东之民杀戮甚多，同样不是什么好事。现在，卫固等人并没有公开叛乱，他既然以请回王邑为名，对曹操派去的新官暂时一定不敢加害。卫固虽然足智多谋，却优柔寡断。假如我单身前往，出其不意，他必然假意接受我为太守。我到了河东，只要有一个月的时间，设计算计他就已足够了。”杜畿于是秘密绕道，渡河进入了河东境内。

杜畿到任后，范先想要杀杜畿立威。为了观察杜畿的图谋，便先杀了主簿以下30多人，但杜畿不为所动，举动自如。卫固于是说：“杀了他没有什么好处，只会给我们招来滥杀的恶名，而且他已经被我们所控制，就留下他来做太守吧。”因此，杜畿正如他所想的那样，被卫范等人奉为太守，暂时没有了性命之忧。

保全性命之后，杜畿开始施计。他对卫固、范先等人说：“你们是河东的全部希望，我只有依靠你们才能办成大事。因此，以后如有什么事，请大家一起商议，出谋划策。”便任命卫固为都督，处理普通行政事务，范先则率领士兵，共有3 000多人。卫固等人心中高兴了，看上去是侍奉杜畿，心里面却认为杜畿没什么了不起，不以为意，放松了对他的防范。

后来，卫固要公开起兵反叛了，杜畿心中十分害怕，便劝卫固说：“要想做成大事，首先一定不要让老百姓心乱。你现在要起兵，老百姓担心你要征兵役，一定民心大乱。因此，不如现在用钱招兵买马，等兵马足够了，再起兵也不晚。”卫固不知杜畿的真意，还以为他说得很对，便依计而行。这一拖延，几十天就已经过去了。而卫固的将领贪婪财物，把招兵买马的钱私吞了很多。结果，卫固钱花了不少，兵却没有

招来几个。

后来，杜畿假装好意对卫固说："每个人都恋家，诸位将军兵士久在外地，恋家之心一定更大。现在郡中无事，可以让他们轮流回家探亲休息，有事再召回来就可以了。"卫固害怕伤了大家的心，于是听了杜畿的意见。杜畿暗中联络知己，私下准备。杜畿的朋友们已散至各地，等待时机；但是卫固的心腹们却都回家安乐，被离散了。

这时，反叛的高幹攻入护泽，白骑进攻东垣、上党诸县，弘农郡全部发生叛乱，卫固觉得时机已到，便召集家中的将士起兵反叛，然而没有几个人回来。杜畿看到各县已经归附了自己，民心已定，于是率领几十人离开郡府，到张县拒守。吏民多拥城自守，以助杜畿。几十天内，杜畿便得到了 4 000 多人的兵马。高幹、卫固等人合兵围攻杜畿，因为杜畿得民心，他们终没能攻下张县。后来，曹操的大兵到了，高幹败走，卫固被杀，河东郡轻易地便平定了下来。

在河东郡，相对于掌有实权的卫固、范先，杜畿由于初上任，没有实权，所以，他只有采取退让、隐忍的办法，但是，他却在有计划地逐步实施着自己的计谋。他让卫固等人松于防范、减少顾虑，等待时机，终于，完成了镇抚河东的使命。

[成功秘要]

藏而不露，不仅让敌人放松了对你的警惕，而且更重要的是为发展赢得了宝贵的时间以及空间。当然，等到实力强大、机会成熟时，便可与敌一见高低了。

低调退守可以保存自身

清代中兴名臣曾国藩计深谋远。他不仅有较高深的修养，而且还十分有才能，非常善于分析形势，作出对策。

攻破太平天国新金陵之后，曾氏兄弟的声望，可说是如日中天，达到极盛，清廷把曾国藩封为一等侯爵，世袭罔替；曾国荃被封为一等伯爵。湘军所有大小将领及有功人员，无不论功封赏。湘军人物官居督抚位子的就有10人，长江流域的水师，全在湘军将领控制之下，曾国藩所保奏的人物，没有不如奏所授。

树大招风，朝廷的猜忌与朝臣的妒忌也来了。十分有心计的曾国藩应对从容，立刻就采取了一个裁军之计。不待朝廷的防范措施下来，便搞了一个自我裁军。

曾国藩的计谋手法，果然超人一等。他在战事还没有结束之际，即计划裁撤湘军。他在两江总督任内，便已拼命筹钱，两年之间，就筹到550万两白银。钱筹好了，方案拟好了，战事一结束，便马上宣告裁兵。不要朝廷一文，裁兵费早已筹妥了。

同治三年六月攻下南京、取得胜利，七月初旬开始裁兵，一月之内，首先裁去25 000人，随后也略有裁遣。人说招兵容易裁兵难，但曾国藩看来，只要事事有计划、有准备，也就变成招兵容易裁兵也容易了。

曾国藩非常熟悉老子的哲学思想。他对清朝政治形势有明确的把握，对自己的仕途同样有一套实用的哲学设想。他在给其弟的一封信中表露说：

“余家目下鼎盛之际，沅所统治的近二万人，季所统治的四五千人，近世似弟者，曾有几家？日中则移，月盈则亏。吾家盈时矣。管子云，斗斛满则人概之，人满则天概之。余谓天之概无形，仍假手于人以概之。待他人之来概，而后悔之，就已经晚矣。”

在封建社会，每个朝代都有君臣互相猜忌而出现皇上杀权臣的悲剧，特别是当国家大难已过，臣下功高盖主之时，更是如此。曾国藩不仅平定了太平天国运动，而且拥有重兵，遭到皇室的猜疑是十分自然的事。但是，由于曾国藩十分有谋略，他计划周密，提前就安排好了如何消除朝廷的顾虑，主动把能征善战的湘军裁撤掉，因此消除了清廷的猜疑，而取得了朝廷的信任，保住了官位。这是曾国藩精于韬光养晦的大谋略。

[成功秘要]

如果你的实力非常强大，可能就会对别人构成威胁或者潜在威胁，因此，人家肯定迟早要想办法削弱甚至消灭你的。但是这时你能够主动退守，显示弱势的话，别人看到你已经弱小了，他就不会千方百计地算计你了，结果，反而能够保全自己。

敛其锋芒，蓄势待发

三国时，曹丕建魏后只有7年就驾崩，太子曹叡登基，也就是明帝。曹叡即位后，三朝元老司马懿被封为太尉，统领三军。

曹叡喜欢躺在先辈创立的基业上吃老本，当上皇帝之后，就在许昌、洛阳等地大兴土木，建盖宫殿，大肆搜刮民财，供他享乐。不料荒淫过度，酿成疾病，只有35岁，已是骨瘦如柴，奄奄一息了。为安排后事，便召宗亲大将军曹爽和太尉司马懿到病榻前托孤，那时太子曹芳才8岁。曹叡让司马懿拉着太子曹芳上前回答，年幼的曹芳只是抱着司马懿的脖子不放，昏昏沉沉的曹叡见此情景，顺水推舟地说道："望司马太尉不要忘先主之托，一定不要忘记幼子今日对你的相恋之情，一定要好好地辅佐！"司马懿跪在病榻前，一一答应，是日，曹叡便撒手而去了。当下司马懿、曹爽扶太子曹芳登上帝位。

辅佐幼主之初，曹爽对司马懿还比较恭敬，内外遇有大事总是向司马懿请示，两大势力也就相安无事。但是这曹爽年轻气盛，自恃是魏主宗亲，今又是顾命大臣，慢慢露出总揽朝政的野心。但是他知道，不扫除太尉司马懿这个最大的障碍，是很难成事的，毕竟兵权统统在这位司马太尉手里。于是曹爽以明帝的名义升司马懿为太傅，表面上是更加尊重，实际上是夺去兵权，接着又将自己的兄弟以及心腹都安插在重要的职位上，顺利走完了他统揽大权的第一步。司马懿虽然被夺去兵权，然而他对军队还是十分有号召力的，这一点他心中有数，只是目前曹爽势盛，且又一时找不到对抗的借口，于是避其锋芒，暂且忍耐，以自己年迈体衰为借口，居家"养病"。

"百足之虫，死而不僵。"曹爽以明尊暗禁的手法削去司马懿的兵权之后，对这个有重要影响力的四朝元老，他还是放心不下，于是随时窥视着他的动静。一天，曹爽派一个将要上任名叫李胜的官员去司马懿家，借告别为名去探探虚实。

司马懿一向是老谋深算，他一听就知道来访者的用意。当那个官员到司马懿的府门要求拜见司马太傅，说是前来辞行的时候，司马懿的长子司马师生气地说："辞行，辞行，有什么好辞行的，这帮走狗只恨我们不死。"

司马懿沉声喝道："凡事不要感情用事，他们不是来探我们的虚实吗？我为何不将计就计，装成要死的样子，让他们信以为真，不再警惕，那时我们就好见机行事了。"

接着，李胜被带进司马懿的寝室，看见司马懿躺在床上，一副无精打采的脸庞，双眼无神。丫鬟正端着碗喂粥，另一个丫鬟则吃力地侧扶司马懿。司马懿好似行将就木的死人，嘴唇木然不动，丫鬟喂进去的几口粥都顺着司马懿的嘴角流了出来，搞得铺盖衣服到处是脏物，两个丫鬟更是手忙脚乱。

当两个丫鬟侍候完毕，离开寝室之后，那官员十分恭敬地对司马懿说："好长时间没来参见太傅了，不料竟病得这么严重。"

连叫数声，司马懿才老眼微睁，有气无力地问道："你是何人？"来人答道："我是河南尹李胜，现在天子任命我为荆州刺史，特地来向太傅拜辞。"

司马懿假装没有听清楚，一边喘息一边应道："并州么？君……君受屈赴任此州，它地处北方，要好好防守。"

那官员见全听错了，连忙说："我是任荆州刺吏，而不是去并州。"司马懿又有意识错说："啊，你是刚刚从并州来？"李胜提高嗓门说道；"是中原的荆州哇！"司马懿装作这次算是听明白了，一边傻笑一边说道："啊！你是刚从荆州来的！"李胜向旁边的人说道："太傅怎么病得这么严重？"左右的人答道："太傅病久，如今耳朵也聋了。"李胜说："请借笔墨一用。"

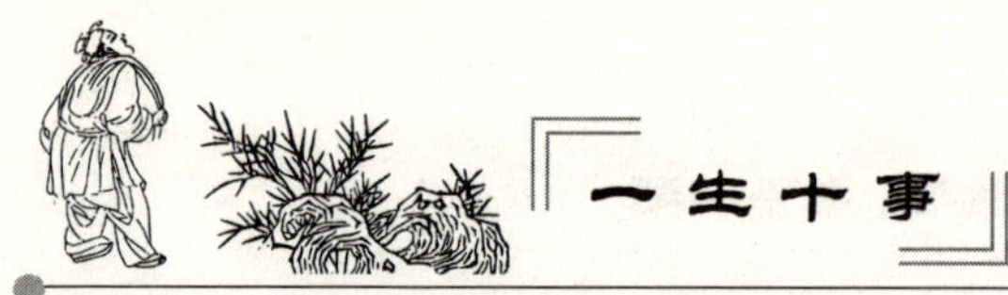

左右的人拿来笔墨和纸张，李胜把自己的来意写在纸上，递给司马懿看。他看后，才断断续续地说道："我病得耳聋眼花，想必想好转也没大希望了。你这次前去荆州，希望多多保重。"说到此，又旁顾左右丫鬟，用手指口，装作要喝汤的样子，等到汤真的送到嘴边，他又抖抖索索，一半进嘴，一半洒落在衣服上，还咳嗽不止，装出一副十分疲乏的样子。李胜见司马懿病成这副模样，也没有久留，于是匆匆告别，回去就急忙向曹爽报告说："司马懿对我赴任的地点都听不清楚，说了好一会儿才明白。"

曹爽听完非常高兴，说道："此老要是死了，我就无忧无虑了。"从此就放松警惕，大着胆子去为所欲为了。

再说司马懿一看李胜离去，马上起身对两个儿子说："李胜回去肯定向曹爽报告我的病情，曹爽一听也一定会放松对我们的戒备，以后我们也好见机行事了。"过不多久，他们果真借机擒杀了曹爽。

司马懿父子三人被剥夺了军权，处于守势，本来已经无力正面与对手争锋，而且对方还没有完全失去对自己的戒备。在这种情势下，假如让对方看出丝毫不满和反抗的迹象，则容易引起警觉，而更加欲置于死地而后快。为松懈对方的戒备，避免遭祸殃，最妥当的办法就是尽力设法制造假象，迷惑对方，麻痹对手。为达到此目的，司马懿不惜屈辱自己假装病入膏肓、不可救药的样子，一退再退，一直退到"不打自倒"的程度，不仅有效地避敌锋芒，而且使对方产生了他的劲敌将自生自灭、不须顾及的错觉，从而达到了保护自己、等待时机的目的。

[成功秘要]

成功者都善用韬光养晦之术，韬光养晦本义是隐含锋芒，收敛锋芒。所以，要求用此谋略之人处世时要有深藏不露的心迹，不能张扬。

但是，韬光养晦的目的并不只是为了藏而藏，实际上是积攒实力，等到时机成熟时再出击。因此这策略的关键在于平时不显山露水。要藏而不露，最后以达到克敌制胜之目的。

适：

当行则行，当止则止

一个取得成功的人，一定是一个善用处世方法策略的人。凡事要掌握分寸，把握好尺度。无论做事还是做人，无论对人还是对己，都要圆中有方，方中有圆，要方中做人，圆中归真。学会了方圆之道，也就掌握了处世哲学。

把握方向，占据主动

古代身处宦海的为官者必须善于观察周围的人、事、物，善于掌握种种同自己密切相关，甚至是没有关系的情报。观察艺术的高明与否，对于做官者而言是非常重要的，直接关系到官位的长“坐”久安，甚至是身家性命。历史上许多被无情踢出官场之人就是因为观察不仔细，有的是即便已经知道形势对自己不利，但还要任其发展下去，结果可想而知。“情报”在官场中同样是至关重要的。一个人的观察毕竟是有限的，但情报却是无限的。广泛地收集官场情报，对自己而言是大有裨益的。多收集一份情报，就好比是在自己身上多加了一层保险。如果想保官位，就要广泛收集官场信息，要善于利用各种手段，通过多种渠道，进行分析、归纳，获得对自己有用的信息。简而言之，防患于未然是一门内容丰富的为官保官哲理，需要你耳朵再长一点，眼睛再大一点，耳听八方，眼观六路。

张之洞经历了徐致祥参劾他的风波之后，受到很大的启发：外放十年了，京师官场日渐隔膜。长此下去，外官是做不好的，一定要有一个十分信任的人处在朝廷要害部门，才能探知朝廷中一些不为外人所知的内幕。

因此张之洞权衡再三，决定让自己的得意门生杨锐去充当这个角色，他认为杨锐一定可以胜任。但当时杨锐还只是一个举人，那时没有官也没有职位，在京师冠盖中简直微不足道。所以张之洞就打算先安排他住在自己的长子张仁权那里，而后找机会带着张之洞给他写的推荐信去见自己的堂兄

张之万相国，请张之万把杨锐安排进内阁，做一个中书舍人。中书舍人官位虽然不高，但是位置重要，在那里可以接触上至大学士、各省督抚将军，下至京师各衙门的小官吏，可以获得许多别人不容易得到的东西。张之洞一直提醒杨锐，要把中书舍人做好，之后，自己会想办法通过别人的手来提拔他的。

对杨锐来说，自然对张之洞是十分感激的了。所以进内阁做了中书舍人之后，身在京师官场，参加会试可以有许多有利条件。如果不能中试，以一举人而有此地位，也是非常的待遇。中书舍人既有进士出身的，也不乏举人出身的，并不妨碍升迁。这实在是求之不得的好去处。

在变法高潮时期的后来，张之洞又通过陈宝箴向朝廷举荐杨锐。1898 年 9 月，光绪帝召见杨锐，加四品衔，充军机章京，参与新政。杨锐的政见跟张之洞十分接近，而且张之洞很喜欢杨锐小心谨慎的性格、严密周详的作风，所以张之洞对他十分宠信。杨锐进入军机处，也算是张之洞在朝廷中枢安插了一个耳目，此后张之洞全借杨锐来探听京师的虚实，考察很多的人和事，但是杨锐的进京、升迁都是身负重托的。这时，张之洞的儿子张仁权就在京任职，但张之洞并没把政治使命交给他，这因为，一是张之洞认为如果让自己的儿子来操作这些事，会太惹眼了；二是张之洞认为张仁权的个性也不适合扮演这样的角色。因此他把如此重任托付给杨锐，也足见他对杨锐的倚重。杨锐也确乎没有辜负张之洞之命，在京任职时期，每月必以一二封密信驰递张之洞，宫闱秘事、朝政动态、官吏黜陟，全部详细告诉他。不愧为张之洞在朝廷里的“坐探”。

在戊戌变法前夕，张之洞让自己的儿子张仁权去见杨锐，

打听情况。杨锐说，有迹象表明皇上马上要重用康有为，在全国实行维新变法的新政。还说两湖已引起皇上的重视，今后势必成为全国的模范，杨锐最后还强调说，他根据自己的所见所闻分析觉得，皇上将召恩师进京担当大任，希望恩师及早作准备。

可是杨锐到中枢以后，马上发现自己卷入了政治斗争的漩涡。因为杨锐一直与康有为等人过从甚密，所以1898年9月15日，光绪帝“密诏”杨锐，透露慈禧反对变法的情况，杨锐接到“密诏”后，“震恐，不知所为计”。光绪帝痛哭流涕地跟杨锐商量保全之策，杨锐推辞道：“这是陛下家事，当谋之宗室贵近，小臣惧操刀而自割也。”想推卸责任，明哲保身。回来之后，杨锐自己不去商讨对策，而是由林旭将“密诏”交康有为等筹商对策。目睹后党对新法虎视眈眈，杨锐自忖朝局将有变化，不仅加强同张之洞的密切联系，而且对新法加以裁抑。杨锐预感后党即将反攻，“今上与太后不协，变法事大，祸且不测，吾属处枢要，死五日矣”，因而每每有“急流勇退”的抽身之念。可是毕竟晚了一步，9月24日，杨锐被步军统领衙门派兵逮捕。张之洞知道后，多方奔走，设法营救，但无奈慈禧太后对维新变法深恶痛绝，对“康党”更是视如仇敌，虽然张之洞一再辩解说杨锐“素非康者”，“这次被逮，实系无辜受累”，但慈禧太后还是于28日，将杨锐与谭嗣同等6个人一起处死于北京菜市口，此即“戊戌六君子”。

张之洞听到杨锐的死讯后，好不悲痛，流了好几天泪。

杨锐死了，张之洞维新变法的思想也随之死了。然而，张之洞却通过杨锐及时了解了朝廷的动向，又一次把握住了方向，占了主动。为官之道在于眼、手的功夫。张之洞即为

一好例。

[成功秘要]

一个人不能死守一处，必须会多角度看问题，比如转过身去，打量一切就能发现很多新问题，换句话说，一个人看问题不能只看点，要会三百六十度地全面看问题。要做到这一点，一定要有平时的精明判断。

舍弃局部是为了保护全局

有所得必有所失，有时为了全局利益，必须舍弃一些局部利益，就好像在下围棋或下象棋时常用的一招：弃子。

汉高祖刘邦死后，惠帝刘盈于公元前 194 年继承皇位。刘盈的同父异母长兄刘肥在这之前已经受封为齐王。惠帝二年，刘肥进京来朝见刘盈，刘盈便用兄长礼节在吕太后面前设宴招待刘肥，并以一家的长幼之序让刘肥坐在上座的位置上。吕太后见后十分不高兴，暗中派人在酒中投了毒药，并令刘肥为自己祝寿，图谋杀了刘肥。

但是，不明真相的惠帝刘盈也一同拿着斟满了酒的杯子，起身为吕太后祝福。吕太后十分着急，赶忙拉着惠帝的酒杯把酒泼在地上。

刘肥在一旁感到很奇怪，所以也不敢喝那杯酒，装作自己已经喝醉了离席而去。后来他得知那果然是毒酒，心里很是恐慌，担心自己很难活着离开长安。

这时，与他随行的一个内史为他出了一个脱险的计谋。内史对齐王刘肥说：“吕太后就只有惠帝这么一个儿子和鲁元

公主这个亲女儿。现在您作为齐国的诸侯王，拥有大小七十多座城池，而鲁元公主仅享有几座城的食俸。您假如献上一座郡城给吕太后，当做赠给公主的汤沐邑，太后就一定会转怒为喜，那您就不必担心了。”

刘肥使用了这个计谋，马上派人告诉吕太后，他想把自己的城阳郡送给公主，并尊公主为王太后。吕太后得知后，果然十分高兴地答应了，并在齐国驻京城的官邸里置酒款待了齐王一行。齐王也因此安全地回到了齐国。

重要时刻弃城保命，当然是值得的。

唐延和元年，唐睿宗让位给李隆基，自为太上皇，李隆基即位，称为玄宗。当时太平公主密谋夺取政权，宰相崔湜等又依附于太平公主。遂尚书右仆射、同中书门下三品、监修国史刘幽求与右羽林军将军张晾请求派羽林军诛杀太平公主及其党羽。刘幽求通过张障密奏玄宗说：“宰相中有崔湜、岑羲，都是太平公主引荐的，他们整天图谋不轨，如果不及早预防，假如有一天发生变故，太上皇如何能放心呢？古人说：‘当断不断，反受其乱。’请陛下迅速诛杀他们。刘幽求已与我制定了计谋，只要陛下一声令下，我就率领禁兵，一举将他们拿下。”唐玄宗认为刘、张二人说得对。

然而因不小心走漏了风声，致使太平公主起了疑心。唐玄宗极为担心，马上采取主动，公布了张、刘二人的罪行，将刘幽求流放到封州（今广东封川县），张障流放到丰州（今内蒙古杭锦后旗西北）。

一年多后，太平公主及其党羽被诛杀。唐玄宗为奖赏刘幽求首谋之功，马上任命他为尚书左仆射、知军国事、监修国史，封上柱国、徐国公。唐玄宗将张、刘二人治罪，只是一种策略，事后还可将他们提升。

[成功秘要]

紧急情况下，舍车保帅，以图将来，是明智之举；假如不能去权衡轻重、大小，损失将会更大。

在“放弃”中求发展

姚启圣，字熙止，浙江会稽人。康熙二年乡试考中，当了广东香山县知县。

从明末以来，香山县由于盗匪和天灾并行，人民缴不上赋税，知县因为这而被捕入狱者已经有7人。姚启圣上任后悲哀地说：“明年再加我一个，被捕入狱的香山知县就是8个人啦!”因此他置办酒席，奏上音乐，把7个被捕的知县从狱中请出来，一起痛饮，并给他们办理行装，送回原籍，而后向总督报告说，7名知县应当追回拖欠官府的税金共17万，已在某月某日全部收回入库。总督阅后大为吃惊，认为姚启圣是个巨富，想行善替7个知县偿还欠款，哪里知道他是个贫寒之士，怎么有能力替那些人偿还税金呢?

不长时间，吴三桂等人发动“三藩之乱”，皇帝令康亲王南征，姚启圣心中大为高兴，认为自己的好运来了，便对好友吴兴祚说：“我闯了大祸，一定要帮助康亲王立奇功才能避祸，而且要想说服亲王，只有你去才行。”吴兴祚答应了他的请求，姚启圣备了银元5 000两，用来买通看门的小厮；又打听出亲王喜欢弹丸，所以特地制造10万粒让吴兴祚送去。吴兴祚相貌英俊，能言善辩，又熟悉福建的山川地理及兵马之术，康亲王同他谈得非常投机。吴兴祚乘机推荐姚启圣，亲

王马上应诺，行文给两广总督和广东巡抚，调姚启圣为参谋。这时总督才惊呼上了姚启圣的当，但是迫于康亲王的命令，不得不让姚启圣离职而去。

面对所亏欠的税金，总督只好强令海上商人补缴。

姚启圣放弃了自己的职位，去谋求更有前途的发展和机会。因此放弃需要远见卓识，需要放开眼界，不仅是更新观念，更是一种科学理念的确定。我们常说："脑筋开窍，山水变宝。"确立学会"放弃"求发展的理念，能促使我们反省那些竭泽而渔的短期行为，因而以"错位发展"的思路来经营我们身边的"山山水水"，不断地在"放弃"中拓展广阔的空间，得以长足地发展。

[成功秘要]

短暂的放弃是为了得到长远的回报。放弃需要有牺牲精神，这是胆识和谋略的生动实践，也是放眼于长远利益的明智之举。学会"放弃"求发展，需要有"壮士断腕"的气魄，需要有着眼未来的气度。

不强行逼进，而要善退

张之洞不愧一代能臣，工于心计，精于权变，善于转圜。对于仕途坎坷、官场倾轧之多种机关，可以说是尽得其钥。只有这样，他才能驾驭人生之舟，于艰险莫测的宦海沉浮中，乘风破浪，直挂云帆。

张之洞早年入党清流，意气风发，锋芒毕露，已对朝中权贵，多有触怒。外放疆吏后，大事兴革，"务宏大，不问费

多少。爱才好客，名流文士争趋之”，而且免不了遭宿怨物议。光绪十九年（1893），大理寺卿徐致祥参劾张之洞于两广总督任期间，“兴居无节，号令不时，任用肖小，恣意挥霍”。朝廷谕令刘坤一、李翰章确查具奏。刘、李据实报告，为张之洞辩诬，“并无懒见僚属，用人不公，兴居不扣控制，苛罚滥用等情”。光绪二十一年，又有人奏劾张之洞于署两江总督时，以筹措军资办理捐借为借口，于省城苏州“拦户编查，横搜大索”。这次张之洞为己辩白：

臣尽管为外吏，本系迂儒，深知固结民心乃可捍御外患，且到任不久，无德及人，纵无干誉之心，亦哪里肯故为敛怨之事。如果谓臣过于拘泥矜慎，不能猝筹巨款则诚有之，若谓肆意苛求，似与臣用意正为相反。原奏所云各节，何以讹传力诋至于如此之甚，臣实未解其故。

虽然云“未解其故”，但是张之洞内心明白，谦恭慎微，慎独修行，都是避除嫌疑、驳斥物议的最好方法。

“诸葛一生唯谨慎”，张之洞于此，亦时时警觉，不敢稍有差错。光绪三十三年五月，协办大学士、军机大臣瞿鸿机因与庆亲王奕劻有矛盾，被遣放归里。两日后，张之洞补任协办大学士。瞿“持躬清刻，以儒臣骤登政地，锐于任事”，与张之洞私下交谊甚笃。瞿鸿机既获遣，返归故里湖南善化。中途经夏口，欲渡江访张之洞，张之洞曰：“是实朋党之说也，一定不行。”乃乘舟舶于江心，置酒话旧而别。

精于审时度势，以为进退之据；因时因地制宜，以为行事之规；灵活变通，进而立于不败，是张之洞治术的过人之处。他在《连珠诗之十六》中，将此概括为“度德为进退，

相时为行藏”。戊戌变法时，他同维新派保持一种若即若离的关系，并做《劝学篇》，准备留后路。而且一旦慈禧太后发动政变，囚禁光绪，缉捕康、梁，他又马上摆出同维新派势不两立的姿态。其他与维新派有瓜葛者均获咎，而他却安然无恙。

庚子年间，他看准慈禧太后虽然对列强“宣战”，但骨子里原本不敢与各国对抗到底，因此才出面策划“东南互保”，拒绝出兵“勤王”，并对英国挑动长江流域“独立”的企图不予公开抵制，静观事态发展。而如果他发现列强并不急于抛弃慈禧集团另立傀儡时，马上改变对慈禧的态度，派员向“移驾”西安的慈禧恭请圣安，并进方物，又调配湖北枪炮厂生产的毛瑟快枪 3 000 支，大炮 16 尊等大批军火，解赴陕西，以供“勤王”的需要。对于“自立军”，在各方力量对比不明显时，张之洞表面听之任之，不做干预，而且当北方局势变得缓和，英国方面对自立军不再感兴趣之时，他马上以快刀斩乱麻之势，将“自立军”全部首脑人物一网打尽，立即处决，以取悦朝廷。这些做法，都显现出张之洞干练老辣的治术已达炉火纯青的境界。

[成功秘要]

人生是一个复杂的过程，而不是一条简单的直线，因此在各种复杂的环境中不要一味强行逼进，要进退自如，张弛有度。这方面的成功事例很多。张之洞的人生退境之所在，就是如此，所以他才能在官场游刃有余。

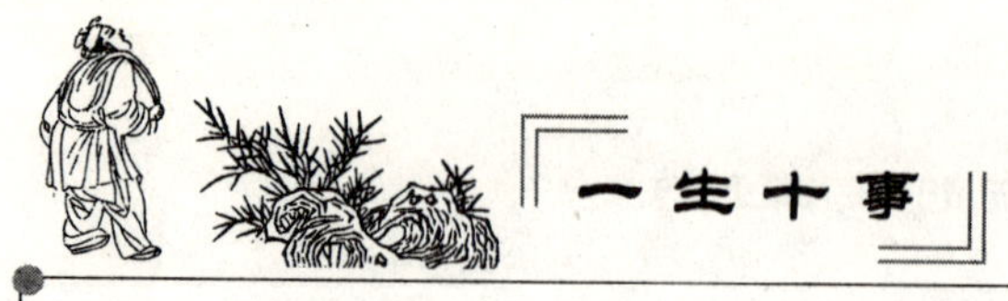

功成、名遂、身退，天地之道

老子曰："功成、名遂、身退，天地之道。"这的确是中国传统官场上的存身自保之本。

怎么会如此？其中原因极其复杂，但撮其要者，全都是君主集权制的制度造成的。国家天下是皇帝家的，假如你的功劳太大，以至于皇帝没有办法酬谢你的时候，那可能就危险了，因为皇帝总不能把自己的家让给你，因此，皇帝就必然会找个借口除掉你，这就是所谓的功高盖主。假如你的权力太大，皇帝管不了你，那就更加危险，轻则一人贬官杀头，重则祸及全家全族，这就是所说的权大压主。假如你的才能太过突出，把皇帝比了下去，而且不懂谦逊退让之道，使皇帝见了你就自我感觉不良好，那你就长久不了，总会被寻个理由贬官，只是这类情况的结果比上两类可能都好一些，这就是所说的才大欺主。功高盖主、权大压主、才大欺主是为人臣的"三大忌"。所以，中国历代王朝大多数为臣者在看清了这一点之后，不再那么勇往直前了，而是要先给自己留条后路。只是留后路的方式多种多样，或明或暗，或隐或显，或是急流勇退、功成身退，或是急流勇进、以进为退，不一而足。

范雎当上了秦国的国相，屡献奇谋，助昭王屈三晋之兵，破六国合纵之谋，使天下皆畏秦，昭王视范雎为股肱之臣。后来范雎保举郑安平率军攻赵，郑安平由于带兵无方，被赵军包围，遂率两万士卒降赵。昭王大怒，族灭其家。依据秦法，被保荐者如果犯罪，保荐之人应受一样的刑罚。所以，

范雎应处以拘捕三族之罪。范雎非常恐惧，坐于草垫之上听候昭王发落。昭王还要依靠他，恐郑安平的事伤了范雎的心，便再三抚慰范雎，仍令复职。这时，群臣议论纷纷，昭王就下令国中道："郑安平的事情，与丞相没有关系。如果还有多嘴多舌的人，与郑安平同样论处。"因此，昭王待范雎比往日更加厚重，所赐食物也特别丰厚，范雎甚觉过意不去。

秦昭王五十一年，秦攻韩，东周背秦，与诸侯合纵，率天下锐师出伊阙攻秦。秦昭王很生气，派军队攻打东周，取东周都城河南，东周的国君被迫降秦，入秦叩头谢罪，献城邑三十六，户三万。昭王受降，并把东周之君迁离了原来的都城，东周也因此灭亡了。

秦灭东周不久，取九鼎宝器，陈列于秦国的太庙之中，公告诸国，要求向秦国朝贡称贺，韩、齐、楚、燕、赵五国皆遣使者贺礼，只有魏国使者没有来，昭王大怒，就命河东郡守王稽领兵袭魏。王稽是范雎的老朋友，并靠范雎的保举做官，但是他从来没有同魏国通谋，接受魏国的财物，而把秦袭魏告诉了魏王，魏王十分担心，连忙遣使者入秦谢罪，听令于秦。后来，昭王得知王稽私通外国，盛怒不已，召王稽入都斩首。

从此，范雎更加不安，经常称病不朝。昭王每临朝都唉声叹气，范雎见到，便上前对昭王道："臣闻'主忧则臣辱，主辱则臣死。'今大王坐朝唉声叹气，臣等不能为大王分忧，特意来请罪。"昭王说道："寡人听说楚国铁剑锋利出色，歌舞技艺却很笨拙。铁剑锋利说明士兵尚武，不迷恋歌舞说明谋略深远。楚王谋略深远，统率着勇敢的士兵，恐怕就要图谋秦国。凡事如果不及早作好准备，就不足以应付突然事变。现在武安君已死，郑安平叛变，国外多强敌，而国内无良将，

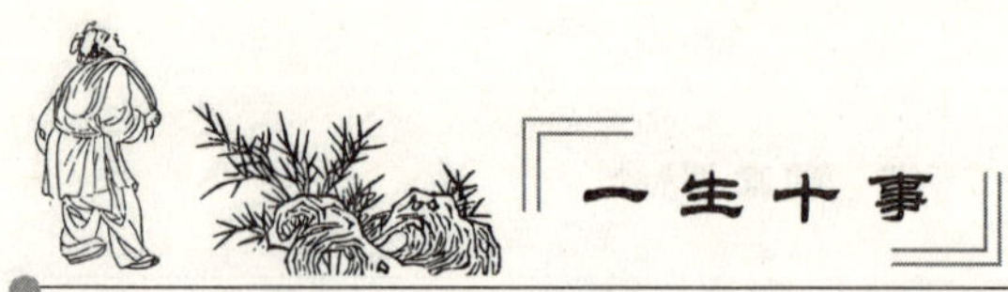

寡人因此天天忧虑。”昭王原本是想以此激发范雎。但范雎听后，惭愧不已，愈加害怕，只得退出。

秦昭王五十二年，燕国辩士蔡泽听说范雎在秦处境不好，便来到秦国。蔡泽是个非常聪明的人，博学善辩，曾游说诸侯，但从未得到赏识。他又闻听范雎保荐的郑安平、王稽，都得重罪。范雎已违秦法，举措失利，觉得这是一个很好的机会，便西赴秦国。

蔡泽欲游说昭王，特意派人扬言激怒范雎道：“燕国辩士蔡泽，乃是名扬天下的有识之士，特来求见秦王，秦王如果见我，必令我代你的位置，相印可唾手而得。”范雎听到后，非常不服气，说：“五帝三代之事，百家之说，我无所不闻，巧辩之士，遇我则屈，蔡泽只是无名之辈，怎么能难我，又哪里能游说秦王，夺我相印呢？”于是派人去召蔡泽。

蔡泽见到范雎，神态十分骄傲，只是向范雎拱手施礼，而没有跪拜。范雎本来就十分恼怒，召见蔡泽，范雎既没有出迎，也没有行宾主相见大礼，更不命坐，只是踞坐堂中会见蔡泽，他见蔡泽举止骄矜，便厉声责问蔡泽道：“是你扬言取代我为秦国宰相吗？”蔡泽昂首答道：“正是。”范雎道：“你有何等韬略，可以夺我相位？”蔡泽道：“唉，您的见识怎么落后到这等地步呢？夫四时循环往复，前者退，后者进，现在您应该退隐矣。”范雎道：“我不自退，谁又能令我退之？”蔡泽道：“以仁为根本，匡扶正义，施行恩惠，辅佐贤君实现自己的宏愿，难道不是我等聪明才辩之士所盼望的吗？”范雎道：“是的。”蔡泽道：“既然已经得志于天下，富贵显荣，而且可以保守他的事业，能与天地一样长存，难道不是圣人所说的吉祥善事吗？”范雎道：“是的。”蔡泽道：“终其天年，享受俸禄，传之子孙，名实相符，恩德流传广

远，难道不是您希望的吗？”范雎答道：“正是。”蔡泽见他已经入了圈套，于是将话锋一转，反问范雎道：“至于秦国的商鞅、楚国的吴起、越国的大夫文种，都功成天下而身死，也是您所愿意的吗？”范雎暗想：“此人口齿伶俐，步步相逼，如果说不愿，正中其说术。”便佯装应道：“有什么不愿意的。商鞅侍奉秦孝公，忠贞不贰，变法图强，富国强兵，为秦国拓地千里；吴起侍奉楚悼王，令私下不损公，制定法令，废贵戚以养士卒，南平吴越，北却三晋，威慑诸侯；大夫文种侍奉越王勾践，即便君主处境困厄，也尽忠不懈，终使越国转弱为强，而且吞掉吴国，为其主雪耻会稽之辱。这三人，为节义的典范、忠贞的准则，虽然不得其死，却功垂天下，名传后世，大丈夫杀身以成仁，视死如归，哪里有怨？”蔡泽说：“商君、吴起、文种作为臣子，所作所为为世人称道，但君主却错待了他们，三人功劳卓著得不到好报，难道世人会羡慕其冤屈而死吗？假如等到死后才可成名，那么，孔子就不配称为圣人，管仲就不配称为达人了。人们建功立业，难道不希望性命和声名都有吗？故大夫立身处世，身名俱全者，上也；名传身死者，次也；名辱身全者，为下耳。”这一番话，正中范雎本意，范雎只有点头表示赞许。

蔡泽接着说：“辅助君主，修明政治，富国强兵，使王室显赫，声威慑于四海，功业昭著天下，声名流传万代，您与商鞅、吴起、文种相比何如？”范雎道：“我固然不如他们。”蔡泽道：“如今您的功绩和所受到的宠爱，不如商鞅、吴起、文种，而您的俸禄多，地位高，财富超过他们，如不及时隐退，结果会比他们更惨。常言道：‘日中则移，月满则亏，物盛则衰。’事物到了极点就要衰落，进退盈缩，须随时势变化，这是圣人处世之常道。您担任秦国宰相，计不下席，谋

不出廊庙，坐制诸侯，威慑诸侯，功劳已达到极点了，如果不隐退，就会落得与商鞅、吴起、文种同样的下场。我听说：‘鉴于水者见面之容，鉴于人者知吉与凶。’古书上又说：‘成功之下，不可久处。’商鞅、吴起、文种三人的灾祸，为何您还要随呢？您如乘机交还相印，让给贤德之人，自己归隐林泉也就可以得到尧时许由和吴国季子辞让的美称，又可以得到商末伯夷、叔齐归隐的贤名，永远享受君王的俸禄，这样的结果和遭受灾祸的结果相比，您选择哪一种呢？”

蔡泽还要说下去，范雎已深为所动连忙起身离坐，对蔡泽道：“先生自谓雄辩有智，真是名不虚传。我听说：‘欲而不知足则失其。所欲，有而不知止则失其所有。’幸蒙先生指教，雎敬遵命。”因此，恭恭敬敬地请蔡泽入座，待以客礼，尊为上宾。

不久，范雎入朝，对昭王道：“有个朋友名叫蔡泽，近日从山东来见我。这人通达时变，有经天纬地之才，经世济时之略，可以辅佐秦政，成就君主三王五霸那样的事业。臣下见过的辩客很多，没有人可与他相比，臣也比不上他，所以冒昧地向大王举荐。”昭王遂召见蔡泽，问他治国图强、兼并六国之计。蔡泽答对如流。昭王非常欢喜，便拜蔡泽为客卿。范雎乘机托病，请还相印，昭王虽口头上不答应，还勉强使范雎理事，心里却早已经看中了蔡泽。范雎再三以病笃相推，昭王便拜蔡泽为宰相。

于是范雎辞相隐退，安度晚年，终老于应地。

[成功秘要]

在中国传统的政治经营术上，通常没有“背水一战”、“置之死地而后生”的习惯，假如是这样的话，那就只能“置

之死地而后死”，绝无生路。

齐家、治国、平天下是中国传统社会作为人臣追求的最高理想，可是真正能一心一意忠君为国之臣又通常是心有余而力不足。功高盖主、权大压主、才大欺主是为人臣的“三大忌”。忠心过头，难免落个功高震主之嫌，兔死狗烹的下场，因此，聪明的臣子宁愿行中庸之道以求自保，也不敢妄加勇往直前。

师：

讲求礼仪，以人为师

懂礼、讲礼的人做任何事情，都会很顺利，并且遇到麻烦时，别人也会乐于助他，使其左右逢源，诸事通达。在与人交际时，礼仪体现出个人职业素养。对现在职业人士而言，拥有良好的礼仪修养，就能根据不同场合灵活应用不同的交际技巧，多学别人之长以补自己之短，这样就可在社会中如鱼得水，获得成功人生。

做尊师敬老的典范

考察一个人的品质和教养，也许从他是否能够尊老敬老、把老人放在心上这个角度考虑，能够轻易地获得最深刻的结论。西汉的张良、晋代的陶侃，这两位不仅立功，而且立德的人物，都是尊老敬老的典范。

张良，字子房，祖上为韩国人。祖父张开地，曾是韩昭侯、宣惠王、襄哀王的相国。父亲张平，为蘓王、悼惠王相国，悼惠王二十三年，张平去世。二十年后，秦灭韩。张良因为年轻，还没有在韩国任职。他决定用全部家财招求侠客谋刺秦王，替韩国报仇。

张良曾在淮阳学礼，又东行拜访沧海君，得到大力士，特制了一百二十斤的铁椎。当时秦始皇向东巡游，行至博浪沙地方，张良与刺客伏击秦始皇，铁椎误中副车。秦始皇大怒，命大肆搜捕，又急又狠要抓刺客，张良不得不更名换姓，逃匿到下邳。

一次，张良闲游到下邳一座桥上，有一老翁，穿粗麻短衣，走到张良身边，特地把鞋子掉到桥下，回头对张良说："小子，下去把鞋拾来。"张良开始很惊讶，想揍他。但是他是长者，所以强忍性子，下桥取鞋，就势屈膝替他穿上。

老人伸脚穿上鞋，笑着走了。张良心里非常奇怪。老人走了不远又回来，说："小子是可教之材。第五天天亮时，来这个地方同我见面。"张良因此十分纳闷，行礼答："好。"

第五天天亮，张良前去，老人已先到等在那儿，生气地说："与老人约会怎么能来迟？回去，五天后早些来。"待到

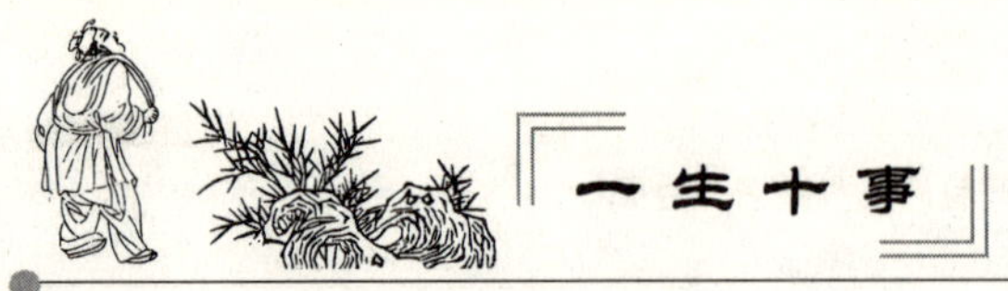

第五天，张良鸡叫时前往，老人又先到，还是生气地说："为何又来迟？五天后再早些来。"五天后，张良半夜前去，没多久老人也来了，高兴地说："应当这样。"于是拿出一部书送给张良说："读好了这书可做帝王之师，十年后天下大变。十三年后，你会见到我，济北谷城山下的黄石，就是我。"说完就离开不见了。

天明看这部书，原来是《太公兵法》。张良心中感到十分欣喜，常常研读它。不久，秦末农民战争风起云涌，张良选择了跟随刘邦，尽心尽力地辅佐他，直到夺取了天下，建立了汉室江山。张良被封为留侯，也就是著名的汉初三杰之一。

陶侃乃大诗人陶渊明的祖父。他是晋代名将，以功高德劭名垂青史。

陶侃小的时候，家境十分贫寒。母亲湛氏靠纺纱织布，供他读书。陶母不仅能吃苦耐劳，而且很有志气，还严于家教。从陶侃懂事起，她就教育儿子刻苦自励，做到"贫贱志不移"，盼望儿子长大以后，能成为孟子所言的那种"富贵不能淫，贫贱不能移，威武不能屈"的大丈夫式的人物。

陶侃长大后，没有让母亲失望。他不但为官清廉正直，而且在许多生活细节上，遵循着母亲的教诲，母亲去世之后也是一样，时时在心中感念着母亲。

陶侃有个奇特的癖好——搬砖，每天早晨，他把一百块砖搬到院子里，天黑又把一百块搬回屋里，每次都累得满头大汗。谁去帮忙他都不愿意。不论阴晴雨雪，也不论春夏秋冬，一年到头按时搬运，从来没有间断。有人问他："将军，你这是干什么？"他说："你们知道国家的北方已落入了异族手中，我立志要收复中原。母亲生前曾经同我说过，生活过于安逸，不仅会伤害身体而且容易消磨意志。我每天搬砖，

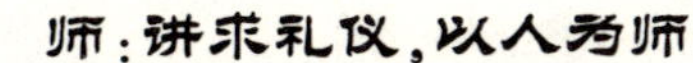

正是为了锻炼身体和磨练意志，好实现我的远大理想。”

还有一件轶事，就是陶侃每次喝酒，都有一定的限度，通常喝到酒兴正浓时戛然而止，坚决推杯不喝，因为他给自己规定的限度已经到了。有一次，有一位好友劝他再喝点，他还是不喝，问他为何这样，他沉默了好久，才说出真情：“年少有酒失，亡亲见约，所以不敢逾议者。”这里的亡亲是指已经过世的母亲。这句话的意思是说，陶侃年轻时，曾因喝醉酒伤害过身体，他的母亲曾由此叫他有过誓约，因此后来喝酒再也不敢超过约定的饮酒数量。陶侃说到做到，母亲去世以后，几十年来，他一直没有超过当时约定的数量。

张良对长者的尊敬，让黄石老人对他非常信任，觉得孺子可教，于是传授了天书。这是尊老敬老的好处。但陶侃则从内心和行动上，表现出了对于母亲的感恩及怀念。他们的成功并非是偶然的。这二人相同之处在于，心怀敬老之心，知孝道，通大理，自有一番超乎常人的意志和见识。这种人，不论是在做人的智慧上，还是处世的策略上，都比其他的人要来得实在、顺达。

［成功秘要］

尊老敬老，这是中华民族的传统美德，而孔子对这一美德的传承以及发扬，有不可磨灭的贡献。原本他的身份，在众人中是最高的，可是他依然重视饮酒的礼数，从不逾越规矩走在老年人前面。

尊老敬老是一个人修养的重要表现。只有尊敬老人之心，才会有赡养老人的行为，之后才会有孝悌之德。而这种教养，对于一个人的为人处世、持家立业，都是有很大影响的。一个对老人没有敬爱之心的人，是不能对他寄予信任和希望的。

“礼”多人不怪

秦桧任宰相时，掌握国家的大权，所以，时常有人往他那里送礼。广东经略使方务德为了讨得秦桧的欢心，苦思冥想该送什么礼。他知道秦府常摆宴席到深夜，于是想了一个办法：他特制了一批蜡烛，并派能言善辩的心腹之人骑上快马，限期送抵相府。为了买通主藏史，就让送烛之人选送一份厚礼给主藏史。送烛人按照计划行事，被买通的主藏史接到厚礼后，告诉来人不要着急，等消息。

一日，秦府又大摆宴席，直到天黑。秦桧看天色渐暗，就吩咐人拿蜡烛来，主藏史故意说，府里蜡烛用完了，这里正好有方经略使送来的一箱蜡烛，还没有启用。秦桧说：“那就拿出来吧！”蜡烛点燃不久，满屋异香扑鼻，所有人都不知是什么香气，来于何处。仔细看看，原来异香自蜡烛。秦桧非常惊奇，就让人把其余的拿过来观个究竟，为什么只有49枚呢？秦桧狐疑不解，心想：送到我这里的礼品怎么连个整数都没有，这是怎么回事？于是，叫来广东送烛的人询问。下人解释说：蜡烛是我们经略使大人特意派人监造制作，专为贡献相府用的。一共做了50枚，做好后，不知道质量怎样，便用了一只看看质量如何，这样就只存49枚了。因为是送给相府的，所以经略使大人不敢用其他蜡烛来顶数。秦桧一听十分高兴，觉得礼虽然薄，但很用心，说明对秦桧忠诚不贰，也体现方务德送礼之用心，因此，对他格外照顾，这就是敛方示圆的一种巧用。

礼物是传达感情的。无论是什么礼物都能表示送礼人特

殊的心意：或感谢、或祝贺、或孝敬、或爱情或友情。因此，选择的礼物必须能够表达自己的心意，而且使受礼者觉得礼物很特别，倍感珍贵。人情往来中，最好的礼品是那些依照对方兴趣爱好选择的、富有意义而耐人寻味的礼品。例如，为住院朋友送去一枝康乃馨，一定会使对方心情愉悦，增强战胜疾病的信心；或者是为远方的同窗寄一册母校的照片，也一定可以唤起他对学生时代的美好回忆；给爱好文学的朋友送上一套名著，必然使其欣喜若狂，爱不释手。不管是什么，即使是一个小的礼物，只要让别人能感到很欣慰就可以了，这就是礼轻情意重。

李鸿章夫人的50岁生辰快到了，满朝文武大臣都准备前往祝寿。消息传到合肥知县那里，知县也想去送礼求荣，毕竟李鸿章是合肥人，又是朝中宠臣。但是仔细一想，知县又发愁了：我这七品知县能送多少礼？少了，等于不送；多了，送不起。思来想去，没有好主意，就请来师爷商量。师爷说："这事容易，一两银子也不用了，包你的礼品最为瞩目，列于他人礼品之上。"

知县听说一两银子也用不了，当然非常高兴，但天下哪有这般好事，便问："送什么？"

"一副普通的寿联即可。"师爷答道。

知县听罢连连摇头。师爷忙说："不要怀疑，送礼之后，一定能让你从此飞黄腾达，不过这寿联必须由我来写，你亲自送上，请中堂大人过目，不能疏忽。"

第二天，知县和师爷拿着写好的寿联上了路。他们连夜赶到京城。待到祝寿之日，他通报姓名后来到李鸿章面前，朝他一跪说："卑职合肥知县，受人之托，前来给夫人祝寿！"

李鸿章顺口说了一句让他起来，知县忙拿出寿联，将上

联先打开，李鸿章一看是："三月庚辰之前五十大寿"。李鸿章寻思：夫人二月过生日，他写了"三月庚辰之前"，觉得他很聪明的。正想着，知县又"哗啦"一声打开了下联，李鸿章一见，连忙跪下。原来下联写着："两宫太后以下一品夫人"。"两宫"指当时的慈安、慈禧，李鸿章见"两宫"字样，立即跪了下来。于是他命家人摆香案，将此联挂在《麻姑上寿图》两边。

这副寿联，深得李鸿章的赏识。这位知县自然也就官运亨通，飞黄腾达了。一件付出你大量心血、闪烁你诚心的礼品，都能使人产生意外的感激之情，而且效果都是最昂贵的珠宝也无法比拟的。

在人际交往中，就要学会敛方示圆，待人以"礼"，礼貌是基本的礼节，任何场合都不例外，凡事讲点礼貌能使求职和工作更顺利。有些人把工作做得再好也会遭到集体的排挤，这是为什么呢？实际上要打开陌生同事的心扉很容易，只要你表达出自己的真诚就可以了。用心与他们交流，"礼多人不怪"，不妨送点小礼物给同事，不仅可以相互了解对方，而且还可拉近关系，让他在工作方面多给你指导。礼品没必要太贵，几块钱的小工艺品，畅销的口袋书，或自己手工制作的卡片，对方不会计较礼品的多少，只要有就行。

公司的老板是掌权者，也是公司利益的直接关联者。为了公司的长远发展，职员可以为公司献计献策，但是一定要敛其"方"示其"圆"，才能达到与老板沟通的目的，这也是一种送礼的方式。老板拥有较高的权威，只有他的决策，才会让下属去执行。

送礼的目的是让彼此的关系更近，人们经常通过赠送礼品来表达谢意以及祝贺，以增进友谊。但是还要看对方的习

惯等，“投其所好”是赠送礼品最基本的原则。如果不了解对方喜好，稳妥的办法是选择具有民族特色的工艺品。中国人习常的风筝、二胡、笛子、剪纸、筷子、图章、脸谱、书画、茶叶，一旦到了外国友人的手里，通常会备受青睐，身价倍增。送礼不在重而在于合适，如果送太贵重的礼品反倒会使受礼者不安。

“礼多人不怪”，也体现了人的品格，是文明礼貌的自然流露。良好的礼仪会为自己树立起一个良好的形象，增强自信心，也就是方圆为人中的内方外圆，这可能促进创造融洽的人际关系。尤其是作为一名专业的促销员更要注意，因为这种人要面临社会上各种各样的人，他们应该具备良好的道德品质，大方得体的仪容仪表和规范的礼貌用语，凭这些激发顾客的兴趣，让顾客对自己产生好感，进一步对自己推销的产品产生好感并付诸行动购买，这是一个用礼貌打开顾客心扉的过程。

无论是对家人也好，对你不认识的人也好，上至警察，下至普通百姓，必须讲一个“礼”字，可谓“礼”字当先，“礼多人不怪”。

里斯本的街道建在七个山丘上，因此出现了许多弯弯曲曲的“迷径”，到他们那里去的人经常会迷路。当你向当地人问路时，他们不仅指点，更有人可以将你带到目的地。如果他们不知道你要找的街道时，他们会再去问别人，然后回来转告，有时候还拿出笔来为你画示意图，生怕你听不懂。

日常生活中的小事，人们的礼节以及因此表现出来的耐心，都是“礼”的体现。

有求于人，首先要有“礼”。

中国很早就是礼仪之邦，传统上很注重礼尚往来。“仁、

义、礼、智、信”，其中“礼”是中国儒家思想最经典、最辉煌的一页，它的影响深远，到现在还备受人们的推崇。所以，送礼也就成了最能表情达意的一种沟通方式。客观地说，送礼受时间、环境、风俗习惯的制约；主观上讲，送礼因对象、目的而不同。希望让别人为你办事，礼是必不可少的。

在我们的周围，时常看到有人送礼，这是很普遍的现象。身处方圆之间，托人办事都少不了要送礼。从古到今，中国都有送礼的习惯。逢年过节，需要送礼！走亲访友，需要送礼！拜访客户，需要送礼！求人办事，需要送礼！感恩答谢，需要送礼！……总而言之有“礼”才能好办事。

逢年过节，人们都穿着新衣服，提着礼品，笑盈盈地看父母，拜老师，访朋友，表达自己的孝心和情意，出现一种动人的景观。事实上，送礼并不是坏事，“千里送鹅毛，礼轻情意重”，礼不在多少，不在轻重，贵在情意。这点情意，是你与他关系的基石。一袋水果，一包茶叶，一份挂历，一束鲜花，不值多少钱，可是，其中却包含着一斛深深的情和浓浓的意。当学生毕业的时候，送一个相框，里头镶着合影；生日时，送一盒蛋糕；生病时，送一袋营养品。就算只是看着，心里就会升起一股暖暖的情意，看见了礼品就会想起送礼人的好，回忆无数温馨的场景。送礼作为一种社会风俗，体现着道德的准则，标志着人情的温暖。送礼，是从古到今留下来的习惯，其中包含着很丰厚的情意，商务送礼已经成了一种艺术和技巧，时间，地点，选择礼品，都是一件让人费心的事情，整个过程都要人去精心地考虑。

朋友之间有事，请人帮个忙，也要送点小礼品，至少也要买点水果，表示谢意！毕竟人家有功劳，以后再有什么事情，他还会给你帮忙。如果别人给你办完事，你就扭头不再

理了，你这样做的话，以后就不用再找他办事了，他绝不会理你的。

在生活当中，或者是在工作当中，都要注意给予别人“精神上的礼”。“精神上的礼”是指当他有事情需要帮助，或者需要别人给他献计策时，你能帮他，得到他对你的信任。当你需要他帮助时，他也会很乐意地为你办事。

礼物是感情的载体。礼物可以表达我们的情意，或酬谢，或求人，或联络感情，等等。因此，你选择的礼品必须同你的心意相符，而且让受礼者觉得你的礼物很不一般，备感珍贵。真实上，最好的礼品应该是依据对方兴趣爱好选择的，送他们心里想要的东西，比如富有意义、耐人寻味、品质不凡却不显山露水的礼品。所以，选择礼物时要考虑很多方面的因素，最好别出心裁，不落俗套。

有一个地区的药品招标结果刚出来，小李就向公司反映，手头有家医院，最好和院长及药剂科主任沟通一下，有利于药品合同签订。领导听了小李的方案后感觉很好，所需费用不多，很快就批准了。在元旦前两天，小李就准备请客，为了好办事，他打电话约院长出去吃饭，院长答应了。晚上，他们吃完饭，又从 KTV 出来之后，小李将事先准备好的一套价值昂贵的西服递给院长，而且告诉院长：如果穿在身上不合适，随时告诉他，他再拿回去换。结果不出小李的预料，次日，院长便给小李打了一个电话说：衣服有点大，叫小李再给他换一件。当换过后，他又感觉小了，并且很遗憾地希望小李再帮他换一次。于是，小李马上告诉他，再带回去换一下，新年过后给他拿来。院长感觉好像给小李带来了许多麻烦，一个劲地说：很不好意思。元旦过后，当小李按提供的号码又把衣服送到他手上的时候，他穿在身上恰好合适。

当院长又一次遇到小李的时候，他连忙热情地邀请小李到他的办公室去玩，一进他的办公室，他就亲自给小李倒水，而且一再地对小李说：小伙子，努力工作，前途无量啊！当小李要离开的时候，他又问道：你公司又有哪些产品中标了？当他听小李说有60多个产品的时候，立刻告诉小李，让小李把有关的文件给药剂科主任，而且说到时候一定与小李多签几个产品……

就这样几经周折，把礼送上了，还送得很巧妙，让领导都觉得很不好意思。实际上，这些都是小李的计策，几次的换衣服，以及衣服上的标价，都表明想让领导为他办点事。

东汉时有这样一个故事，蔡邕是当时的大学问家，文史、辞赋、音乐、天文全部精通，官任皇室右中郎将，人称“人学显著，贵重朝廷，常车骑填巷，宾客盈座”。可他从不摆架子，从不傲慢，很善于和人交往，好朋友非常多。有一次，朋友到他家时，正好他在睡觉。家人告诉他王粲来到门外，蔡邕听到后，连忙起身跳下床，急急忙忙踏上鞋子就往门外跑，因为太慌忙，把鞋子穿反了，而且两只鞋都倒踏着。当王粲看到蔡先生是这么个模样，便抿着嘴笑起来，因此便有了“倒履相迎”之说，借以比喻对朋友的热情与诚意，对朋友应以礼相待。

[成功秘要]

在现代社会中，一定要做个有“礼”之人，人不到礼到，结交新朋友，不忘老朋友。因此我们的人脉圈才会越来越大，办事才会越来越顺利，这都是方圆处世中“圆”的变通与妙用。

康熙大帝以孝治天下

我国古代做官的人，不管文官武官，也不管官做到多大，碰到父母之丧，假如不立刻请假还乡，就是天大的过错。监察御史如果知悉此情，必定会马上提出弹劾。对这一过错，判其“永不录用为官”的惩罚是情理之中的——因为在古人看来，不孝者就绝对没有教育、领导和管理别人的资格。

政治制度上有这样严密地用以保证“以孝临天下，则民兴于仁”得以切实实施的内容，在通常的教育、宣传和社会舆论导向之中，统治者也注意用各种手段来渗透和灌输。广为流传的、可以称为历代读书人的“圣经”的《十三经》中，就有一“经”叫《孝经》。假如我们要研究孝道，就一定要看一看孔子思想系统下的这部《孝经》。《孝经》中说，如何才是孝呢？不只是对父母要孝，还要扩而充之为孝于天下。爱天下人，谓之大孝。

清朝入关后的第二代皇帝康熙 8 岁即位，14 岁正式亲政。到他 69 岁离开人世，在位 61 年。事实上统治中国达半个多世纪（55 年）！清朝天下在他手里安定下来。当时中国知识分子中，倡导反清复明的人非常多，如顾炎武、王夫之这一班人，都是不投降的，特别是思想上、学说上所做的反清复明的工作，确实令清政府感到害怕。最后，康熙利用中国的“孝”字，虚晃一招，便使反清的种子一直过了两百年才发芽。

清朝入关，有三部一定要读的书籍。一部书是兵法权谋学《三国演义》。一部是不能公开读的，是在背地里读的，那

就是《老子》。当时康熙有一部特殊版本的《老子》，每一个清朝官员，都要熟读《老子》，揣摩政治哲学。还有一部书就是《孝经》。但表面上仍然尊孔。假如回顾一下汉朝的“文景之治”的政治情况，就很容易发现，两者的政治蓝本同是“内用黄老，外示儒术”。康熙按照世道民心的实际情况，加大力度提倡孝道，编了一本语录《圣论》，后来叫《圣谕宝训》或《圣谕广训》，拿到民间基层组织中去广为宣传。每月逢初一、十五，祠堂里的族长、乡长这些年高德劭、学问好、有声望的人，总是要把族人集中在祠堂中，宣讲《圣谕宝训》，里面写的都是一条条浸透了儒家思想特别是孝道的做人、做事的道理。

这里，康熙实际上是在十分巧妙地运用“孝临天下”的统治智谋：他要把每一个青年都训练得听父母的话，那么又有哪一个老头子、老太太会同意自己的后辈去干造反的事？这样一来，康熙的皇位不但可以稳坐无忧，而且也使人民得到了教化，促进社会的稳定以及发展。

[成功秘要]

忠、孝、恭、慎、勇、直是很好的德行，都属于仁的范畴。只是这些德行，都必须以礼去节制。忠、孝、恭、慎、勇、直好的德行，假如做得不够或者过分，就是违礼了，就会出现种种毛病，被人们看成缺点，甚至是不能原谅的缺点。可见礼是使仁统领的诸德成为“德”的根本保证。但是礼假如失去仁，将成为没有生命的空壳，成为束缚人的枷锁。仁同礼相互不可分。但是长期以来，特别是当前，人们时常把二者割裂开来，导致了真正的“道德”的缺失。这是任何一个不愿在做人上逊人一筹的人都应该注意的问题。

王祥以孝为本的做人原则

孝是古代儒家学说的重要内涵和范畴，是在中国古代劳动民众中影响最广泛的思想观念。孝在今天还有着不可低估的影响，而且对日本、朝鲜等国家的汉文化也有很大的影响。孝敬父母，尊敬师长，是现代人也是将来人的道德准则。

王祥是汉末琅邪临沂（今属山东省）人，因为遭世乱，扶母携弟在庐江隐居30余年。母死后，才应召入仕。魏时，曾封关内侯、睢陵侯、万岁亭侯，拜太尉、司空、侍中等职。入晋，拜太保，晋爵为公。享年85岁。

原来王祥的生母在他年幼的时候就已经去世。他的继母朱氏非常讨厌他，只偏爱自己的儿子，经常在他父亲面前说他的坏话，导致他不仅失去了母爱，还失去了父爱。可是他生性至孝，尽管成天被父母驱使，干各种杂活，但从来没有叫苦叫累，态度十分恭谨。父母如果有病，他就整天不解衣睡觉，在左右伺候，汤药熬好了，还必定亲自先尝一尝。

但是他的继母仍然欺负他，待他很凶狠。但是，王祥却始终把她当做自己的亲生母亲来孝顺。继母朱氏常常要吃活鱼，王祥便想方设法满足她的要求。有一次，天寒地冻，朱氏又要吃活鱼。但三九时节，怎么也找不到活鱼。王祥却不死心，来到结了厚冰的河面上，不管寒风嗖嗖，脱下衣服，躺在透心凉的冰上，准备化开冰块捕鱼。不料突然间冰块自己裂开，从水里面跃出两条活蹦乱跳的鲤鱼。王祥赶忙抓住，非常高兴地带回家去，做好给他继母吃。乡里人都说：从来也没人能大冬天在结了这么厚的冰河里凿冰捕鱼，王祥这个小孩子却做到了，这是他的孝心感动了天地啊！从此以后就留下了“卧冰求鱼”的美谈。

王祥平时侍奉继母十分恭敬小心。他们家的庭院中有一株李树，结的果实非常甜美。朱氏经常命令他去守护。有时风雨大作，电闪雷鸣，王祥虽然害怕，可是他不离开，抱着李树哭泣。

王祥的弟弟王览，是朱氏所生。他只有几岁的时候，就十分懂事。看见母亲鞭打王祥，就抱着哥哥哭，不愿意朱氏打。稍微长大些，就规劝他的母亲对哥哥好些，朱氏才有点收敛。朱氏经常毫无道理地支使王祥干这干那，在这种情况下，王览就跟着王祥一起干。兄弟俩成家立业之后，朱氏又常常虐待王祥的妻子，让她干这干那；王览的妻子也和嫂子一起干。朱氏发现王览夫归总和王祥夫妇同甘共苦，一起干活，没有其他办法，以后也就不再乱支使王祥夫妇了。

王祥在父亲去世后，在社会上的声誉越来越大。朱氏不仅没有丝毫高兴，反而嫉恨在心。一次，她秘密在酒中下了毒，想把王祥毒死。王览发现了，就径直去取酒。这时，王祥也疑心酒中有毒，争着把酒夺过来，不给王览。朱氏见兄弟俩争酒，怕事情败露，急忙把酒抢过去，不给他们。此后，只要是朱氏赐给王祥的食品，王览总是要先尝尝，防止出事。朱氏害怕下毒毒死自己的亲儿子，就停止了在食品中下毒的做法。

可是朱氏并没有放弃杀害王祥的念头。一天，王祥因为有事一个人睡在一张床上。朱氏觉得机会来了，半夜里偷偷地拿把刀摸进屋，对着被子狠命连着砍了好几下。这时正好王祥出外小便，所以只砍破了被褥，并没有伤着王祥。王祥回来一瞧，被褥被砍破了，知道是继母恨自己恨得要命，就

跑到继母房里跪下，请求继母把他处死。继母开始吓了一跳，后来听了王祥的一番话又羞又愧，深深感动，醒悟过来，真正感受到王祥对自己的一片孝心，而且愿意为自己的错念去死。她把王祥扶了起来，流下了悔愧而又感激的眼泪。从此以后，爱王祥就像爱自己的亲生儿子一样。一家人日子过得很和睦。王祥尽心赡养继母朱氏，直到给她送了终，方应允别人的邀请，出去做官。

尽管，王祥的至孝行为不是一般人所能做到的，甚至不是一般人所能理解的。但是凡看到都应当予以效法的，是他以孝为本的做人准则。他的这种精神能够感化原本歹毒的继母，把它放到现代社会，肯定也会产生积极的作用。

[成功秘要]

把基于亲子之爱的“孝”和骨肉之情的“悌”两种伦理道德观念看做是“仁”之本，更能发现意义深远，在古代人们把“孝悌”作为仁的根本，同时也作为立国的根本、治天下的根本、为人的根本。在现代社会，这种思想仍然具有指导意义。假如说，一个人对生你、养你、育你的父母，都没有孝心，对血缘关系密切的兄弟姐妹也没有敬兄爱弟的悌情，为了一己私利，置父母于不顾，甚至虐待、遗弃、不赡养；为了争夺遗产，可以兄弟反目，甚至斗殴、凶杀。那么，这种既没有仁心也没有人性的人，就不会对别人有仁心和道德心，不会对社会有正义感和责任感。作为一个人，他就是多余的、有害的，一定会受到他人、社会的孤立、排斥，直到制裁。

实：

确立目标，脚踏实地

人要想发挥出自身的优秀潜质，就要首先在社会中找到适合自己的位置，这样才能发挥自己的强项。树立目标，就要脚踏实地去为之奋斗，历经风雨就能见到彩虹，铸就丰富多彩的美丽人生。

要充分做好前期的准备工作

昆曲《十五贯》很有名，里面讲的是苏州知府况钟断案的事。这个况钟，是历史上有名的清官。

明宣德五年，况钟出任苏州知府。当时苏州府的赋役非常重，豪族官吏也是营私舞弊，弄得苏州民不聊生。况钟到任，首次升堂办事，府衙官吏们便拿出一大堆公文来请他处理，况钟则佯装什么都不懂，左右请教，并全都按照他们的意见办理。这样一来，府衙的官吏们非常高兴，以为这个新来的知府只是个糊涂虫。过了三天，况钟把府衙的官吏们召集起来，厉声说："那天我升堂，什么事都征求你们的意见。你们不识好歹，应该做的事阻止我，不应该做的事偏让我按你们的意见办。你们这帮家伙，长期以来，就这么营私舞弊吗？你们的罪行早该处以死刑了。"

说完，把几个为首的奸吏揪了出来，当场捶杀，并把那些贪虐庸懦者一一斥退。这一事件震动了苏州府，从此之后，官吏以及百姓，个个遵纪守法，吏治清明。况钟在位期间，兴利除弊，不遗余力，苏州百姓奉若神明。

况钟刚到苏州任职，对这里的情况不了解，只有先保持低调，让那些奸佞放松警惕，他则背地里了解情况。在做了足够的调查研究之后，他处理问题稳、准、狠，对奸吏起到非常大的震慑作用。

做重大决策之前，必须要先做调研。春秋时鲁国的"曹刿论战"也是一种前期调研。齐国攻鲁，曹刿想为国效力，他去见鲁庄公，问庄公准备如何抵抗齐军。庄公说自己平时

有什么好吃的好穿的，总是分给大家一起享用，人缘很好。曹刿说这点小恩小惠，就不用提了。庄公挺不好意思，接着说自己从不忘祭祀神灵。曹刿又说，在这关键时候就别提神鬼的事了，神现在也帮不了您的忙。

庄公又说，遇到百姓吃官司的时候，自己都尽可能处理得合情合理。曹刿这时才点头，说这倒是件得民心的事，看来可以同齐国打上一仗。

曹刿做的就是战前的调研，摸一摸庄公的民众支持率如何。不过他的调研在今天看来非常粗放，不仅没有数据分析，而且也没办法量化，但现在的调查公司比他要专业得多了。

在20世纪50年代，美国出兵朝鲜之前，不仅美国兰德公司对这次战争进行了战略预测，而且欧洲的一家名叫德林的公司，倾其所有，甚至不惜亏本倒闭，花巨资研究了有关朝鲜战争的问题。经过大量研究分析，该公司得出如下结论：如果美国向朝鲜出兵，中国必定会出兵；如果中国出兵，美国注定要失败。

这一份研究报告的主要结论只有几个数字：“中国将出兵朝鲜”，但附有380页的研究报告。在朝鲜战争爆发前8天，德林公司想把这一研究成果以500万美元的价格卖给美国对华政策研究室，但是美方认为价码太高而没买。可嫌贵的后果如何呢？正如我们后来所知，美国盲目出兵朝鲜，中国随即派出了志愿军抗美援朝，使美军惨败。

朝鲜战争结束后，美国人为了总结教训，还是花280万美元买下了德林公司的这项研究成果。

大型跨国企业在进入一个新的市场或是开展一个新的项目之前，都会花费巨资进行市场调研、可行性评估、整体策划等前期准备工作。这样，虽然前期耗资不菲，可随后的发

展便通常是一马平川了。再来看我国的有些企业，为了省钱而少做甚至不做前期调研，只凭感觉做决策，结果在发展过程中遇到了重重困难和阻碍，欲进不得，欲罢不能。千万切记：该花的钱不能省！

［成功秘要］

做重大决策之前，必须要先做调查研究。俗话说，磨刀不误砍柴工，事先做完善准备工作，统筹全局，会事半功倍。

远大的理想能够激发强大动力

苏洵是北宋著名的散文家，他和他的两个儿子皆因文章著名，被后人合称为宋代“三苏”。

苏洵在27岁那年的一天，像平时一样随手翻书阅览，不经意中发现一篇关于古人爱惜时间、刻苦攻读的故事。他仔细地读了一遍，感到这故事很生动，接着又读了一遍，更加感到有意义，于是他反复读了好几遍，每读一遍，就有一些收获。他觉得这故事就是专为自己写的，情不自禁发出感叹：“时光无情地飞逝，我已经快到而立之年了，虽然写过一些文章，却都是些平庸之作，没有多大的建树。”他想：如今不努力，还要等到什么时候啊！从此，苏洵开始发愤苦读。经过一年多时间，他觉得自己在学习上有了进步，就急急忙忙地参加录取秀才和进士的两场考试，但两次考试都落了榜。这对他的打击很大，但是，他没有灰心丧气，决心重新振作起来。他陷入沉思，但始终也没能理出头绪，不知如何是好。

有一天，苏洵正在书房里整理他以前写的书稿。突然间，

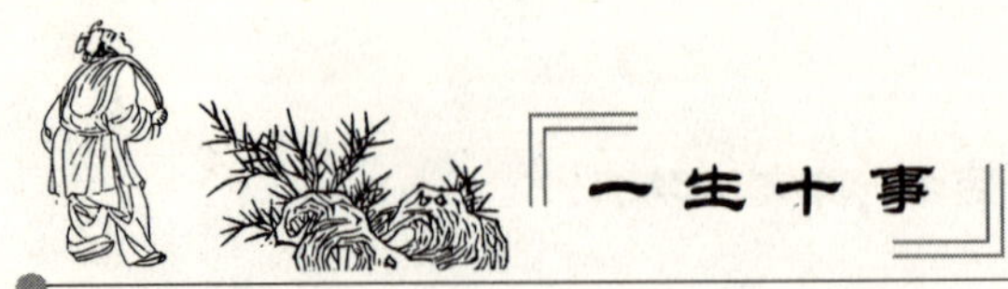

他发现了自己的不足，原来他对自己书稿也感到不满意，又怎能让它们在世上流传呢？于是他将这数百篇书稿都抱出屋去，放在一个空地上，点上一把火，化为灰烬。他这样做，正是为了坚定从头做起的决心。焚稿后，他就像放下一个沉重的包袱，更加轻松愉快地刻苦学习了。苏洵有时在家闭门苦读，有时奔走四方，求师访友，一年到头忙个不停，所以后来他两个儿子的学习要靠他妻子教导。

通过20多年的努力奋斗，苏洵已经阅读了许多书籍，不仅精通《五经》和诸子百家学说，同时对古今是非成败的道理进行了深入探讨，使自己具有了渊博的知识和惊人的才智，再写起文章来，往往到了“下笔顷刻数千言”的程度。他写了一些有研究价值的论文，受到了家乡学者的倾慕，他自己也真正体会到成功的乐趣。这时他的大儿子苏轼、二儿子苏辙也已长大成人，都在他的影响下才华出众。他就带着自己写的论文和两个儿子到京游学。当时，文坛领袖欧阳修担任翰林学士，他非常欣赏苏洵的论文，认为这是当时最好的文章。欧阳修平时十分器重有才华的学者，这次更不例外，因此他将苏洵的22篇文章推荐给朝廷。文章受到朝廷的重视，引起朝廷上下的震惊。京城内外的学者传阅苏询的文章都称赞不停，并且争相效仿苏洵的文章写作方法。苏洵这位晚学成才的散文家，也因此闻名于世。直到很久以后，社会上还流传着赞美苏洵文章的民谣：“苏文熟，吃羊肉；苏文生，吃菜羹。”

对于大器晚成的苏洵来说，克服前进中的困难，保持强大的动力，是一件非常困难事情。他快30岁时，已经为人父，还要认真学习，刻苦攻读，终于成才，就是因为心中有远大的理想。

[成功秘要]

理想是人们向往和追求的目标，是世人对未来的憧憬和想象，它能够给人以希望，激励人们瞻望未来，增强信念，克服前进中的困难，使人产生强大的动力。自古成大事者，没有一个人不是有崇高理想而自然成就的。因此，理想能够产生强大的动力。

树立远大的理想

孔子从小就有大志。他说："吾十五有志于学……"长大之后，做过管理仓库以及牧场的小官。他的成绩，得到了鲁国权臣季氏的赏识，升入了士大夫阶层。

那时，周天子地位衰微，诸侯专事征伐，天下礼乐崩坏。孔子立志改变这个世道，建设一个天下一统，充满仁爱，用礼法维持的有秩序的社会。他在50岁的时候，做了鲁国的中都宰，这使他有机会实施自己的救世主张。任职只有一年，就把中都治理得十分出色，四方的官吏都去向他学习。后来，他升职做大司寇，而且代行国相，参与治理国政。只有三个月，鲁国就发生了很大变化，商人不再哄抬物价，百姓恪守礼法，社会秩序安定。这期间他还为鲁国做成两件大事：一件是他在齐、鲁两国君主会盟时，使强大的齐国归还了侵占鲁国的领土；另一件是拆毁了鲁国三个权臣中的季氏和叔孙氏的城池，使鲁君的地位得到强化。孔子参与国政的时间尽管很短，但是他"救世"，却做得很见成效。

这时，齐国怕鲁国强盛起来对自己不好，就向鲁君送

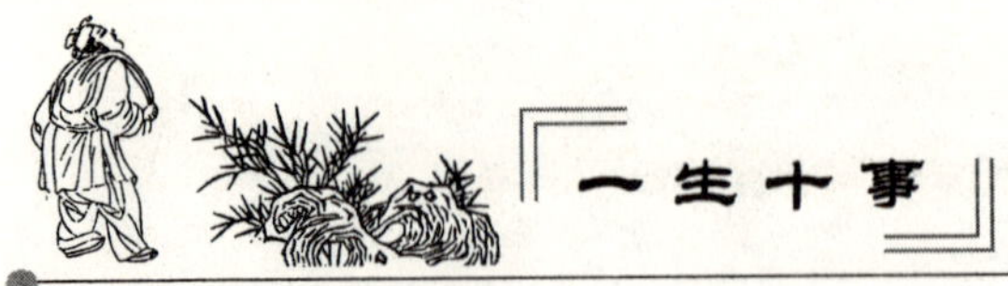

“女乐”，使鲁君没有心治国。孔子见自己的理想在鲁国已经不可能实现，就决心带领学生到其他国家，宣传自己的救世主张，谋求诸侯的任用。

当时，各诸侯国差不多是由权臣或大氏族执政，他们怕诸侯任用孔子，抢了自己的官，都想尽办法排挤孔子，有的人又担心别国任用孔子，对自己国家不利，甚至加害于孔子。孔子到卫国后，有人带着手持兵器的吏卒来威胁恐吓；孔子到宋国讲道习礼，司马桓魋派人害他；楚昭王打算任用孔子，给他封地七田里，遭到令尹（即国相）子西竭力反对。孔子还多次受到围攻，差点儿送了性命。他在各国之间奔波，席不暇暖，历尽艰辛，但是始终执著地坚持理想，就算身处绝境，也从不气馁，决不屈服。有一次，孔子在陈国、蔡国之间遭到两国大夫的围攻，已经几天没有吃东西，他的学生连饿带病，都倒下了，孔子还是弹瑟吟唱，没有一点儿沮丧泄气的样子。学生们看到孔子身处逆境，却依然坚定乐观，都十分敬佩。颜渊说：“我们老师的理想高尚远大，不被世人所理解，但是老师却仍然竭尽全力地推行，这才是真正的君子啊。”

有一些逃避乱世隐居的人，都认为是看透世事的“达人”，讥笑孔子的热心救世，说他是在做根本做不成的事，因此到处碰壁，像一条丧家之犬。还劝说孔子的学生不要继续追随老师，也去归隐山林，等待清平盛世的到来。孔子教育学生说：“我们是不能去与山林中的鸟兽共处为伍的，假如天下太平了，我就不会同你们一起去改变这个世道了。”

孔子在各国奔波讲学，经常寄人篱下，有时甚至连个落脚的地方都没有，处境十分困难。他到齐国以后，齐景公打算赐给他廪丘作为食邑，他却坚决推辞没有接受。他对学生

说："我劝景公听从我的主张，但是他还没有听从，却要赏赐给我廪丘，他一点儿都不了解我啊。"孔子把"救世为民"视为最高的理想追求，不会因为荣华富贵所动摇，离开齐国到其他国家去了。

孔子周游列国14年以后，看见自己的主张不能为诸侯采用，就回到鲁国，开始专门从事教育。他打破从前只有贵族子弟才能读书的传统，在平民中招收学生，培养了很多有才学、有品德的学生，部分人被诸侯所任用，这些学生继承老师之志，为挽救衰世而不停地努力。

[成功秘要]

孔子为救世奋斗一生，虽然他没有实现自己的志向，但是他忧国忧民，为理想执著奋斗的崇高精神，为后人树立了光辉的榜样。

孔子成了中国古代最伟大的教育家，原因是他从小就有了远大的理想。

有志者事竟成

刘勰是南北朝时梁朝的文学理论批评家。刘勰的父亲刘尚曾经是越骑校尉，在刘勰很小的时候就去世了。虽然刘勰家中非常贫穷，可他笃志好学，认真攻读，博经通史。但是因为没有什么收入，也就娶不起媳妇，平时的生活也全都依靠寺庙的僧人供给。但是，他撰写的文学理论巨著《文心雕龙》为他在后世赢得了很高的声誉。这是他忍受贫困发愤而成的大作。

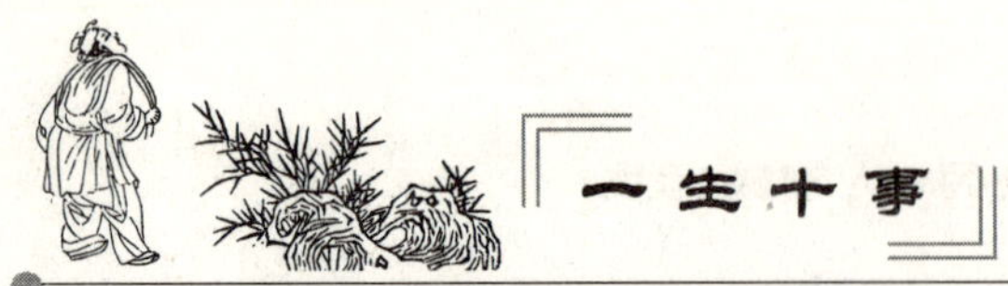

刘勰生活的南北朝时期，盛行门阀制度，一个人出身的贵贱决定了这个人在社会上地位的高低。像刘勰这样出身贫寒的平民子弟，在当时是默默无闻的。以刘勰这种社会地位，《文心雕龙》写成后，没有引起时人的重视，在当时社会也就完全不足为奇了。可刘勰却十分自信，深知自己著作的价值，不愿看到用心血写成的书稿湮没无闻，决心设法改变这种局面。

沈约是当时的文坛领袖，声望很高，刘勰想借他评定此书，以赢得声誉。但沈约身为名流，刘勰一个贫寒的读书人，怎么会轻易见到？刘勰聪颖过人，想出了一个主意。

一天，刘勰事先打听到这天沈约有事外出，于是背上自己的书籍，装成街头卖书小贩，早早等候在离沈府不远的路上。当沈约乘坐的马车经过时，刘勰乘机兜售。沈约性喜读书，立刻停下车来顺手取过一阅，发现是自己没有读过的书，于是随手翻看起来。

这一看，沈约竟被深深吸引住了，立刻买了一部带回家去，放在案头仔细阅读。在以后上流社会举行的聚会中，沈约还借机向人推荐介绍这本书。那时文坛人物见沈约对《文心雕龙》这样推崇，许多人群起仿效，争相传看，刘勰很快便名声大噪。

［成功秘要］

刘勰是虽贫穷但有志的典范，他穷得连媳妇都娶不起，可是他不以为意，把自己的精力放在著书立说上，真正地开创了他的一番事业。刘勰如果没有忍贫，或怨天尤人，或自暴自弃，或是攀附权势，全都把时间花在这上面，就不可能有这样一部《文心雕龙》留传于世。因此，立志是成就事业

的前提和基础。

选择适合自己发展的事业

人穷志不短，苦学成大业。宋濂（1310—1381），字景濂，号潜溪，散文大家。宋濂年幼时，家境非常贫苦，可是他苦学不辍。他自己在《送东阳马生序》中讲：“我小的时候十分好学，因为家里很穷，没有什么办法可以寻到书看，因此只能向有丰富藏书的人家去借看，借来以后，就赶快抄录下来，每天拼命地赶时间，计算着到了时间好还给人家。”也就这样，他学到了丰富的知识。

有一次天气非常寒冷，冰天雪地，北风狂呼，而且砚台里的墨都冻成了冰，家里没有钱，也没有火来取暖，手指冻得都不能屈伸，但是他仍然苦学，不敢有所松懈，借来的书坚持要抄好送回去。抄完了书，天色已经很晚，没办法只能冒着严寒，一路跑着去还书给人家，一点不敢超过约定的还书时间。因为这么诚信，很多人都愿意把书借给他看。所以他能够博览群书，增加见识，为他以后成才奠定了基础。

面对贫困、饥饿、寒冷，宋濂不以为意，不以为苦，因为他所追求的是成大业。

后来他意识到这样学习不是长久之计，所以就到学校里拜师学习。一个人背着书箱，拖着鞋子，从家里出来，走在深山峡谷之中。寒冬的大风，吹得他东倒西歪，好几尺深的大雪，把脚下的皮肤都冻裂了，鲜血直流，他竟然没有知觉。等到了学馆，人快要冻死，四肢僵硬得不能动弹，学馆中的仆人拿着热水把他全身慢慢地擦热，用被子盖好，很长时间

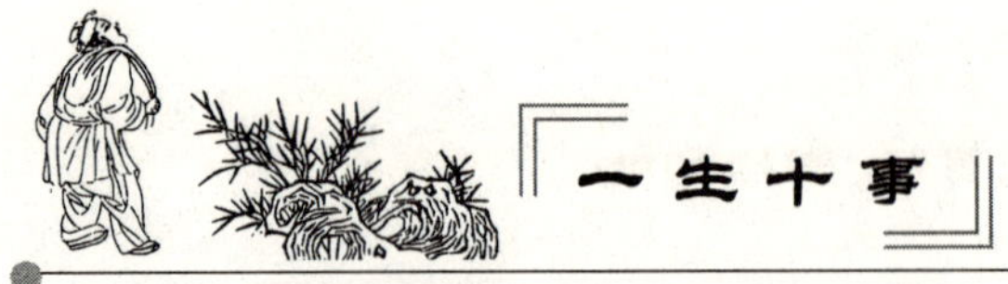

以后，他才有了知觉，缓和过来。

为了求学，宋濂住在旅馆之中，一天仅仅吃两顿饭，什么新鲜的菜、美味的鱼肉都没有，生活非常艰辛。同他一起学习的同学们都是华服奇丽，戴着有红色帽缨镶有珠宝的帽子，腰里佩着玉环，左边佩着宝刀，右侧戴着香袋，光彩夺目，像神仙下凡一样。可是宋濂不以为那是什么快乐，丝毫也没有羡慕他们，只是穿着自己朴素无华的衣服，不认为低人一等，不卑不亢，照样刻苦学习，因为学习中有许多足以让他快乐的东西，那就是知识。他根本没有把吃的比不上别人，住的比不上别人，穿的比不上别人这种表面上的苦当成回事。

正是因为宋濂能忍受穷苦，明确了符合实际、经过奋斗能够实现的人生理想，后来才成了一代散文大师。

[成功秘要]

假如没有远大的理想，人也就不可能刻苦学习，磨炼自己，培养才能，也就成不了大器。

树立远大的理想不分境况，顺逆皆能。“穷且益坚，不坠青云之志。”无论身处何处，都要树立远大的理想。远大的理想是成就事业的前提。

理想是奋斗目标，个人、团体、民族、国家，只有确立了奋斗的目标，才有机会实现它。假如根本没有奋斗目标，就好像失去了前进的方向，就达不到成功的彼岸。

远大的理想对人生十分重要，每个想成就一番事业的人，都必须确立符合实际、能够实现的奋斗目标。

把大目标分成容易实现的小目标

战国时，七国争雄，秦国的势力越来越强，经过几代国君的努力，结果在秦始皇手上灭了六国，实现了统一大业。秦国以一国之力翦灭六国，这是一项多么伟大的事业！

汉代政论家贾谊在《过秦论》一文中，追述了秦国自孝公以来发愤图强的过程，从中能看到秦国发展壮大的轨迹。秦孝公在商鞅的辅佐下，“内立法度，务耕织，修守战的工具，外连横而斗诸侯”，秦国夺取了魏国在黄河以西的土地。

孝公死后，惠文、武、昭襄三代国君又向南攻下汉中，从西边得到巴蜀，而且向东扩展，让诸侯非常害怕。六国几次合纵抗秦，但是步调难以统一，成效不明显，最后常以割地赂秦而告终。

秦始皇即位以后，灭亡六国的大幕正式拉开。他先从最弱小的韩国开刀，接着由近至远，从南往北；先三晋，再荆楚，再燕齐，渐渐灭亡六国。

完成统一大业的是秦始皇，但是统一的工作很早就开始了，秦国的历代先君其实是为秦始皇打下良好的基础。为了实现统一六国这个大目标，就要先实现一个一个的小目标，大事业就是这么做成的。

日本人山田本一曾两次获得马拉松世界冠军，在人们问他的经验时，他说了“分阶段实现最终大目标”的经验。

在每次正式开赛之前，山田本一都乘车沿马拉松路线从头到尾认真看一遍。之后，自己筹划一下：这40多公里全程分为几段？每段应该跑多快？每个阶段终点的显而易见的标

志是什么？是教堂、大宾馆、大银行，还是电视塔、红房子？开赛枪声一响，他就如同离弦之箭，以超过规定速度奔向第一阶段大目标，到达第一目标后，再以第二阶段规定速度奔向第二目标。40 多公里的马拉松全程被他分割成 10 多个小段，规定了每个小段的最低速度。就这样，他能较轻松地跑完了全程。

［成功秘要］

不论困难多大的大目标，只要你能把它分成容易实现的小目标，你就可以获得实现大目标的信心和力量！

在工作中，面对艰巨的任务或远大的目标的时候，不要有畏难情绪，可以把大目标分解成若干个小目标，然后去实现一个一个小目标，不知不觉间，那个大目标就实现了。

拥有实力是成功之本

朱元璋是个志向远大之人，他在军中待的时间长了，对各种事情看得非常透彻，慢慢觉得这帮人治军没有办法，驭下没有道理，成不了什么大气候。他还深深地认识到，在这群雄割据、争夺激烈的局面下，不发展自己的武装，不招揽英豪为自己所用，想有出头之日是非常不容易的。至正十三年（1353）六月，他禀明郭子兴，回到故乡钟离招募士兵。不满 10 天，就募集了 700 人。他将队伍带到濠州交给郭子兴。郭子兴当然十分高兴，提升他为镇抚，而且把这 700 人交给他统率，接着，又升他为总管。可以这么说，钟离之行是朱元璋事业的一个关键转折点，是他培植自己亲信势力的开始。

就在公元1352年9月，彭大、赵均用投奔濠州，元军接踵而来。这一年对朱元璋来说是非常重要的一年。

濠州被元军整整包围了7个月的时间，形势危急。但朱元璋曾奉命突围而出，攻打萧县、灵璧和虹县，试图分散元军的势力。正当元军即将对濠州发动总攻之时，主帅突然病死，士兵没有心再战，解围而去。被围了几个月的濠州，此时城中的存粮差不多吃光了。朱元璋找了些熟人，弄到一些盐，换回几十石粮食，总算解决了郭子兴的燃眉之急。

从此以后，朱元璋对濠州城里的气氛越来越不适应了，在这儿，很多人无所作为，他感觉到整天与胸无大志的人待在一起，就是浪费自己的宝贵时间，是一种慢性自杀，他不想再待下去了。至正十三年（1353）底，他把自己统率的700人交给别人，只带着徐达、汤和、吴良、吴祯、花云、陈德、顾时、费聚、耿再成、耿炳文、唐胜宗、陆仲亨、华云龙、常遇春、郭兴、郭英、胡海、张龙、陈桓、谢成、李新、张赫、张铨、周德兴24人离开濠州，到定远发展势力。这24人可谓是"龙虎际风云"，从此以后一直追随着朱元璋，冲锋陷阵，出生入死，立下赫赫战功，明朝建立后3人封公，21人封侯。

朱元璋这次回故乡招募士兵，非常不顺利，工作一开始，就得了重病，只好返回濠州医治，过了半个月，才逐渐好转。这时，他听说张家堡驴牌寨屯居着一支3 000人的民兵，主帅同郭子兴相识，这时正断了粮，处境艰难，何去何从，还没有决断。机不可失，时不再来，朱元璋觉得这是扩充势力的大好机会，不顾大病刚刚好转，身体虚弱，就找到郭子兴，请求派自己前去招降。郭子兴问要带多少人，朱元璋说人多易生疑，带10个人就行了。去张家堡的路上，朱元璋又犯了

两次病，只好走走停停，一百多里的路竟走了六天。到了驴牌寨，见了主帅后，朱元璋对他说：“郭公与你是老相识，他听说你们缺粮，又得到消息说有别的军队要来攻打你们，特意派我来报知一声。假如你们愿意跟随郭公，就同我一起回去。不愿意，也要赶快移到别处，以避来犯之敌。”

朱元璋把话说得非常客气和婉转，而主帅此时也很困难，力量是不够的，所以，左思右想，也没有其他办法，又见他说得真诚，就与朱元璋交换了信物，说等收拾好行装，就到濠州归附。朱元璋见主帅这样说，便让费聚留下等候，自己先回濠州。可是过了三天，费聚来报，说事情有变，驴牌寨主帅想要把队伍拉到别的地方去。朱元璋立即带着 300 名士兵赶去，费尽唇舌，可是主帅仍是犹豫不决，朱元璋便定下一计，让人请主帅谈事，趁机将他挟持而去，离开营寨十余里后，又派人到寨中传话，说主帅已经选好了新的营地，让部众移营。部众信以为真，便烧了营寨跟着去了，主帅发现大势已去，没有办法，就归降于他。紧接着，朱元璋又带兵去豁鼻山，招降了以秦把头为首的一支 800 人的武装队伍。

到这时，朱元璋已经招了很多人，他就把收编而来的队伍，集中起来，开始对这支队伍进行整编和训练，以提高队伍的战斗力。此时的朱元璋对训练军队已经胸有成竹，时间不长，队伍的战斗力就有了明显的提高。不久，他就率领这支部队攻下了屯居横涧山的缪大亨武装集团。缪大亨投降，朱元璋一下子就得到了当地兵民 7 万多人，从中选出 2 万精壮，组成一支大部队。朱元璋的声威上升很快，其他一些结寨自保的地方武装队伍一个接一个来降，使得朱元璋的队伍越来越大，具备了争雄天下的初步基础。在这些归附者中，最受朱元璋器重的是冯国用、冯国胜兄弟。他们自小读书，

精通兵法，来归后，朱元璋向他们征询计策，冯国用说："金陵（今南京）龙盘虎踞，自古帝王多有建都于此者。应该第一个攻取金陵，把它当做根本，然后四出征伐，倡仁义，收人心，不贪图财宝美女，天下是很容易平定的。"朱元璋听此言，禁不住喜上眉梢，他的心中开始有了一个平定天下的初步纲领。

就这样，朱元璋没有费多大工夫，就收编了地方武装队伍。朱元璋心里也非常高兴，总是把新归附而来的队伍进行重新组合编制，命人率领进行严格的军事训练。但是一些人以前都懒散惯了，刚开始时，一直抱怨。朱元璋训诫说："你们人多势众，但是轻易地就归我所有，这是为什么？就是因为将领缺乏纪律，士兵训练不够。现在训练你们，是要你们都懂得纪律。大家要共同努力，以建立功业！"

经过一段时间的严格训练，这些原来的杂牌军队成了一支纪律严明、勇敢善战的部队。山小难容猛虎，池浅难容蛟龙，朱元璋建立起一支富有战斗力的队伍后，接着把目光投向远方，他要率军离开濠州，去开辟新的天地。

朱元璋招兵买马还有一种方法就是通过战争，兼并已经失势的军队。而且，在战争过程中，一些弱小的势力自己会来投靠。所以，招兵买马，扩大自己实力，要从很弱小的时候做起，方法运用得当，打出自己的威信，便可做到"星星之火，可以燎原"。厚黑学上说，学会发展，充实自我，不断发展自己的力量。朱元璋就是非常好地利用了厚黑原理，投奔郭子兴时，目的是为"主子谋"，到适当的时候，抓住机遇，培植亲信队伍，增强了自我的影响力。

公元 1354 年 7 月，朱元璋攻打滁州，成功后，就驻扎下来，接着有一些文人武士前来投奔。朱元璋的帐下，愈加充实。同时，彭大、赵均用等也攻下盱眙、泗州，郭子兴也驻军泗州。不久，与郭子兴相善的彭大死去，郭子兴失去了依靠。赵均用、孙德崖很想害死郭子兴，但是想到朱元璋在滁州有几万人马，迟迟没敢下手。他们曾派人调朱元璋去守盱眙，为了找机会除掉他，朱元璋对他们的诡计很明白，推辞不去。朱元璋觉得郭子兴在泗州免不了会遭毒手，便派人用重金收买赵均用左右的人，让他们常在赵均用耳边称说郭子兴为人之好、朱元璋势力之大。赵均用既不敢杀郭子兴，但又担心留在身边反而易生祸患，索性让郭子兴带着本部人马去了滁州。

朱元璋是个招兵买马的老手，办法非常多。除募集和招降外，他还有一种方法：鼓励农民参军。这也是他最早扩兵的法子，也是最踏实的办法。招收贫苦人参军，具有非常强的针对性、特指性。在所有招兵的措施中，也是最为保险的一种做法。因为贫苦农民的要求不高，他们往往是为了糊口才来参军的，因此只要有一口饭吃，就不会有过多的要求，他们本身也是贫苦人家出身，对于同是穷人的人也不会有骚扰之心，所以与一些有刁蛮、贼盗之习的人相比，这种兵是最好训练、最好管理的。而且由于这些贫苦农民受到了不公平的待遇，与元政府的仇恨极深，在与元朝军队作战的时候具有非常强的战斗自觉性，不须长官动员就会勇敢地去杀敌。特别是在训练方面，相比起那些招降而来的“兵油子”而言，这一部分出身贫苦农民的士兵是非常容易训练的，因为他们本来就能吃苦。这样一来，一支能吃苦、守纪律、善作战的部队很快就在朱元璋的作战序列中出现了。朱元璋的确是个能人，郭子兴见朱元璋治军有方，非常高兴。但是没多久，因为妒嫉朱元璋的将领们，包括他的儿子郭天叙、郭天爵在

内，常在他耳边进谗言，他也对朱元璋产生了疑忌。他把朱元璋身边得力的将校以及幕僚一个一个调走，朱元璋没半句怨言。有一次，郭子兴还借故将朱元璋禁闭起来，不给饮食，马夫人只好悄悄地给他送食物充饥。朱元璋深知郭子兴忌才护短的秉性，处处谨慎，不敢流露丝毫不满。不久，一个姓任的将领又诬告朱元璋“每战不利”，郭子兴让朱元璋同任某一起出战，任某刚出城便中箭折回，朱元璋却奋勇杀敌，奏凯而还。郭子兴经过此事，有点愧疚。当时诸将出征归来，都向郭子兴进献掠夺来的金银珠宝，朱元璋一向不妄杀妄掠，无财宝可献，郭子兴亦非常不满。马夫人知道这种情况，就把自己的私房钱献给小张夫人。小张夫人常说朱元璋的好话，郭子兴的疑忌不满也就越来越淡化了。

朱元璋知道自己现在的实力相比之下还非常弱小。小不忍则乱大谋，退一步海阔天空。

古人说得好：“知退一步之法，明让三分之功。”自古成大器者知道，以退为进，凡事都要忍一忍。朱元璋知道郭子兴会猜忌他，然而他采取了正确的处世态度：默默无语、毫无怨悔地感谢郭子兴，感谢生活，感谢一切。所有这些都是必要的蓄势，大丈夫处天下，总有难以如愿之事，能伸能屈方能过险关。郭子兴一到，朱元璋即把兵权拱手相让。有人认为这件事反映了朱元璋的大仁大义之心，但是事实上它更体现了朱元璋的远见卓识。这时朱元璋的实力还不能横行四方，郭子兴作为起义首领，影响力还非常大，如果他与郭子兴发生分裂，势必引起部众分离，自相残杀，信誉扫地，不要说去争夺天下，立身之地恐怕也很难保住。此中利害，朱元璋自然洞悉无遗。《易经》中有云：“尺蠖之屈，以求伸也；龙蛇之蛰，以存身也。”眼下朱元璋只能以屈求伸，为了未来的腾飞，暂时蛰伏。

万事万物都是慢慢发展的。朱元璋是个喜动脑子的人，他很期望能招降地主武装，因此他费尽心机，不惜代价，这也为他做上皇帝以后，成为封建地主阶级的代表，奠定了基础。朱元璋在必须拥有自己的武装力量这一认识上，有着很迫切的心情；也正因为认识到拥有自己的队伍的重要性，他才注重加紧扩兵训练。在胜者为王的时代里，只有这样才能保证自己不被别的武装所吞并，而且又能保证自己有足够的力量来吞并别人的武装，使得自己的实力慢慢扩大，从而保证自己进入一种良性循环状态。

像商人一样，有本钱才是老板，帝王图霸天下也是这种道理。扯大旗，招人马，任官吏，掌军权，这就是成霸业的资本。朱元璋并不是等闲之辈，而是一个造势高手，他能顺势而动，看清元末黑暗统治的政权危如累卵，因而走出皇觉寺，投奔郭子兴，经过一系列的精彩跳跃，丑小鸭变成了白天鹅。他志在千里，见机行事，关键时刻大胆地"英雄造时势"。朱元璋知道，想成大事者，必掌军权武力于自己的手心，有强大的军事力量才能外御强敌，内固霸权，这样才能"马上得天下"。因此，朱元璋在招兵买马的过程中那么顺利，都是凭借他高于常人的才智，抓住了权力这一个中心。

在朱元璋扩充自己的实力，增强军备的时候，发生了六合之战。这次战役使元朝从此再也没有办法抗拒农民军的进攻，群雄逐鹿越来越激烈了。朱元璋很想抓住时机，向外扩张势力，况且滁州城小人多，也难以久居。他向郭子兴提出攻取和州（今安徽和县）的建议，并且制订了具体作战计划：挑选三千勇士，穿上青衣，带着装载财物的骆驼向和州进发，另外派万名士兵相隔十余里尾随而行，身穿红衣。到城下后，

青衣兵声称是庐州派兵护送使者入城犒军的，和州如果开门放行，就举火为号，红衣军急驰而前，一定可以破城。郭子兴派人去攻和州，随后又派朱元璋前往增援。朱元璋到时，和州已被先遣部队用他的计策攻陷。朱元璋整顿人马，迅速布防，击败了反攻而来的元军。他派人向郭子兴报捷，郭子兴任命他为总兵官，镇守和州。

朱元璋尽管很有本事，可是他想到自己年轻，资历浅，郭子兴升任他为总兵官，他觉得诸将不会服气，便想树立自己的威信。他让人撤掉议事厅的公座，摆上几条长凳，次日议事时，他故意不按时到，诸将果然都在上首就座，只给他留下个末位。他不动声色，安然就座。待到议事时，诸将都拿不出办法，朱元璋却侃侃而谈，筹划周详，诸将才慢慢服气。他和诸将商量修筑城墙的事，建议分为十段，每人各负责一段，以三天为限。到期验收，只有朱元璋负责的一段竣工，接着朱元璋摆上郭子兴的令牌，斥责诸将耽误了军机，宣布："自今违令者，即以军法从事！"诸将从此不敢放肆。朱元璋还大力整顿军纪，下令今后不得掠夺有夫之妇，并让全城男子到军中认妻，让许多夫妻得以团聚。百姓对此举称颂不已，人心慢慢安定下来。

朱元璋有胆有识，他能随机应变，因时而发，他不但用谋如此，称霸天下也是这样。不同的历史境况要有不同的治兵方略，这才能符合时代的需要。如果可以适应变化，把握先机，就能尽早对症下药，占有主动权。历代的霸主都深谙此道。有勇有谋的朱元璋，总是能方圆处世，厚脸做人，深深悟出领导的心思，从而作出相应的对策，表面上他已经释了兵权，交给了郭子兴，暗地里郭子兴却非常软弱，他的智谋才华远远不及朱元璋。

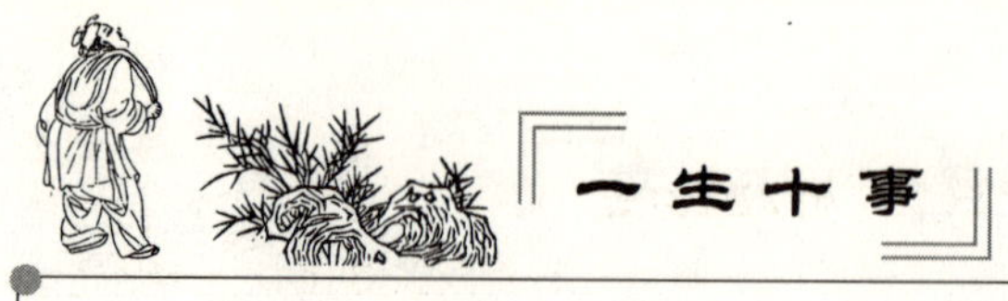

至正十五年（1355）三月，因濠州缺粮，孙德崖率兵到和州就食。朱元璋虽然担心他图谋不轨，却又担心两军发生火并，只好暂且容忍。有人向郭子兴进谗言，说朱元璋投靠了孙德崖，郭子兴匆忙赶到和州问罪，朱元璋费了好多唇舌，最后打消了他的疑虑。孙德崖以前多次加害郭子兴，知道郭子兴不会容他，见郭子兴来了，便与朱元璋商量，准备率军离开和州。朱元璋担心军队移动引起摩擦，劝说孙德崖亲自殿后。眼看孙德崖的军队陆续从城中撤出，朱元璋悬着的心慢慢放下。这时，有熟人邀他一起去送朋友，刚走了十多里，有人追上来说城里发生火并，孙德崖被郭子兴捉住了。朱元璋急忙策马往回赶，中途落入孙德崖弟弟的手里。孙德崖的弟弟提出用朱元璋换孙德崖，郭子兴没有办法，只好放了孙德崖。朱元璋总算又捡回一条性命。郭子兴本想杀了孙德崖以报前仇，现在眼睁睁地看着仇敌离去，这一气非同小可，不久就患重病去世了。郭子兴的死，标志着什么？朱元璋从一介草民到一名起义军中的青年军官，这个变化不是很大，但他已受到元帅的器重，成为了元帅的高参，而且他还成为郭子兴元帅的义婿，这种变化就非常令人惊叹了。现在郭子兴死了，这种意味就非常明显了。说起朱元璋所进行的轰轰烈烈的招兵买马的壮举，实在令人佩服，而他在个人的内心世界里能够对郭子兴隐忍敬让，则更加让后人叹服。他本长得丑陋，却能深得郭子兴的如此宠幸，源自他有过人的聪明，而他在郭子兴对他有猜疑时，却能做到拱手兵权，对于郭子兴有难，出手搭救，说明他能给郭子兴留下他知恩图报的美德。朱元璋这能忍的博大胸怀，使他在短短的 3 年时间内从一名游僧变成一方城池的守军总管，是他勇敢无畏、出生入死奋战的结果，他过人的勇敢精神和作战智谋让他获得了成

功，他的正气和忠信的美德，是一般农民起义军领袖没有的，所以中国历史上的农民起义基本上都被镇压下去，只有朱元璋却成功了。假如说招兵买马是一种外在实力增强的话，那么，自身素质修养的提高，却是一种内在无法估量的实力积蓄。

在郭子兴死后，军中的事务由郭子兴的儿子郭天叙、妻弟张天祜同朱元璋共同主持。至正十五年（1355 年）二月，刘福通访得韩山童的儿子韩林儿，把他接到亳州立为皇帝，号小明王，国号宋，建元龙凤，派人联络各支义军。张天祜随来使前往亳州，不久带回小明王的命令，委任郭天叙为都元帅，张天祜为右副元帅，朱元璋为左副元帅。朱元璋对自己屈居第三尽管十分不满，但是考虑到自己这支部队力量还不够强大，恰好可以利用龙凤政权的名号以壮声威，也就接受了封号。于是，和州正式建立起都元帅府，军中从此以龙凤纪年。这支部队大部分是朱元璋组建的，许多军官都是他的亲信，而且郭天叙、张天祜才疏智短，朱元璋虽然位居第三，实际上大权牢牢掌握在他手里，他才是这支部队的真正主帅、天下真正的英雄。

［成功秘要］

朱元璋通过一系列的招兵手段，自己虽然有时屈尊，但是实权已握在自己手中，这才是一个英明政治家的高明的地方，这样招的兵才能为己所用。毫不怀疑，这为他将来打天下，做好了“热身”，奠定了霸业的基础。

在兵荒马乱的年代，乱世出英雄，群雄逐鹿，剑拔弩张，争权夺利。朱元璋深深感到自己势单力薄，他已经悟明：如果想夺取天下，招兵买马、广纳贤士、出谋献策、风雨共济，

这才是图谋天下的大计。

始终如一向目标前进，人生才会取得成功

没有目标的人生是不会成功的，就仿佛没有空气人不会存活一样。没有明确的目标或是目标不专一的人，他再勤劳也是徒劳，就仿佛一艘没有舵的船，永远漂泊不定，结果只是到达失望、失败和丧气的海滩。

刘备少年时就确立了“上报国家，下安黎庶”的远大志向，深得人心，身边还有关羽、张飞、赵云等忠诚骁勇的大将，按理说应该是所向无敌了。但是，刚好相反，在他奋斗的前期却几次遭败绩，一次又一次地丢失地盘，处处被动，只得辗转投奔他人，困守小小的新野县。原因何在？最根本的原因是他虽然胸怀大志，却一直没有正确的战略方针。直到他三顾茅庐，诸葛亮才为他把天下大势分析得明明白白，替他设计了最佳的发展道路：“将军想成霸业，北让曹操占天时，南让孙权占地利，将军可以占人和。先取荆州为家，后即取益州建基业，以成鼎足之势，然后可图中原也。”

这位年仅27岁的青年，对天下大势以及刘备集团自身的条件了如指掌。就是因为有了诸葛亮制定的正确战略，刘备集团才扭转了颓势，取荆州，夺益州，攻汉中，取得了节节胜利，与曹操、孙权鼎足而立。接着，因为关羽违背了隆中决策中“外结孙权”的方针，刘备陷入曹操、孙权的两面夹攻，痛失荆州，使诸葛亮两路北伐的战略构想没办法实现；刘备不听劝告，强行伐吴，又遭惨败，进一步削弱了刘蜀集

团的实力。虽然诸葛亮修复了蜀、吴关系，平定了南方，发展了经济，但是刘备集团终究国小力弱，再也不可能实现“隆中对”提出的最终目标了。

我们看一个有趣的哲理故事：

话说贞观年间，长安城里的一个磨坊里，有一匹马和一头驴。它们是好朋友，马在外面拉东西，驴在屋里推磨。贞观三年，这匹马被玄奘大师选中，出发经西域前往印度取经。

17 年后，这匹马驮着佛经回到长安。它重回磨坊会见它的驴子朋友。老马谈起这次旅途的经历：浩瀚无垠的沙漠、高耸入云的山岭、莽莽苍苍的森林、神奇的国度……那些神话般的境界让驴听了非常惊异。驴子惊叹道：“你有这么丰富的见闻呀！那么遥远的道路，我连想都不敢想。”

“其实，”老马说，“我们跨过的距离是大体相等的，当我向西域前进的时候，你一步也没停止，不同的是我与玄奘大师有一个遥远的目标，按照始终如一的方向前进，因此我们打开了一个广阔的世界。而你被蒙住了眼睛，一生就围着磨盘打转，也就永远都走不出这个狭隘的天地。”

那头驴子也非常辛苦，但它的汗水都洒在一个小小的圆圈里了，它一辈子也没有看到外面美丽的风景。

有了目标还不够，你要立刻行动起来，不能拖，要不然热乎劲儿一过，可能就很难再持之以恒了。

为了成功你要大声说出你的目标，可以天天对自己说，也可以让别人知道并监督自己。

当你说出你的目标时，一些好处几乎会自动地到来：

第一个非常大的好处是你的潜意识开始遵循一条普遍的规律，开始工作。而这条普遍的规律就是：“人能设想和相信什么，人就能用积极的心态去完成什么。”假如你预想出你的

目的地，你的潜意识就会受到这种自我暗示的影响。它就会进行工作，帮助你到达那儿。

假如你知道你需要什么，你就会有一种倾向：你因为受到激励而愿付出代价。你可以预算好时间和金钱了。

因此，你的工作变得越来越有趣。你愿意研究、思考和设计你的目标。你对你的目标思考得愈多，你就会愈发热情，你的愿望也就变成热情的愿望。

你对一些机会变得敏锐了。而所有的机会会帮助你达到目标。你知道你想要什么，你就很容易察觉到这些机会。

[成功秘要]

要瞄准目标去做事，只有这样才能使你集中精力。一定不要陷入琐碎的日常事务中去，成为琐事的奴隶。

重实政而不贪慕虚名

要解决人口和粮食的问题，就是怎样使用有限的土地收到更多的粮食，为这个问题，乾隆采取了“推广经济，充实粮仓”这一措施。高产作物和经济作物的广泛推广，成为乾隆时期农业上相当重大的突破，而且乾隆皇帝在这些作物的推广过程中也是立下了汗马功劳。

甘薯和玉米原本产于美洲，它们都属于高产作物，它在中国的栽培种植对养活正在迅速增长的人口有了非常大的保障。在清朝，特别是乾隆年间，农业生产力的提高也不是因为传统生产工具有了大的改进，而是因经济作物与高产作物的种植、垦田的增加以及水利的兴修。这个时期乾隆皇帝为

甘薯和玉米在中国的全面推广，添上了重要的一笔。

甘薯又叫红薯、白薯，在明末传入中国。这种作物耐涝、耐旱、耐碱，可以适应许多种土壤与环境，而且产量非常高，一亩好地可收上万斤，即使差地也可以收五六千斤。在乾隆时期之前，甘薯多种植于闽广一带，而北方竟不知有此种作物。

乾隆初年，福建人陈世元先在山东发起种薯的热潮，他还从福建聘请种薯有经验的老农到山东教种甘薯。山东人发现甘薯“秋间发掘，子母勾连，如拳如臂，乃各骇异”，尝到甜头后，都非常高兴去种植。这时，直隶、河南和北京也有人开始试种甘薯。北方省区的地方官也纷纷“觅种教艺”，种植甘薯。当时，北方人种薯一定要从福建购运薯种，路远费多，工本非常大。要在全国大面积推广种植，就一定要在技术上解决薯种的收藏和育秧问题。乾隆十七年，山东布政使李谓在陈世元的诱导下，写了《种植红薯法则二十条》，总结北方种薯经验，让各属县奉文劝种。乾隆四十一年，山东按察使陆耀刊印《甘薯录》，叙述种薯的方法，此书颁行各地，以广种植。就是这本书在乾隆四十九年被乾隆大帝看到，他亲自发起了全国最大的一次推广甘薯的活动。乾隆大帝命令直隶总督刘峨、河南巡抚毕沅，将《甘薯录》大量刊印传抄，让农民都知道种薯有利可图，好在更广范围内栽培。因为陆耀推广甘薯有功，乾隆皇帝把他升职为湖南巡抚。

之后，乾隆皇帝让福建巡抚雅德将甘薯种购运河南。乾隆大帝说：“这种食物既可充食，又能耐旱。河南、山东二省频岁不登，小民艰食。毕沅（河南巡抚）、明兴（山东巡抚）当即转饬各属，劝谕民人，全都栽种，接济民食，亦属备荒之一法。”这时，因为藤种过冬和育秧的技术难关还没有完全

解决。因此，乾隆皇帝特别叮嘱雅德："必须觅带根藤本，用木桶装盛，拥土其中，如法送豫，方能栽种易活。著传谕雅德即行照式妥办，由驿送京。"

这一次，因为乾隆在全国大力推广甘薯种植，取得了非常大的效果。除了种薯之外，玉米种植的推广也对解决民食问题起到了很大的作用。

玉米，也是在明末传入中国的，它性耐旱涝，还适合在山地种植，因为乾隆皇帝号召开垦山头地角，因此，玉米这一适宜于山地种植的植物才显示出了它的优势。在四川、湖北、湖南等省，种植玉米特别多，因此北方人叫它为玉蜀黍。"乾隆三十年以前，秋收以粟谷为大桩，与山外没有差异，其后，川楚人多，遍山漫谷，皆包谷矣。"在乾隆朝中期之后，玉米逐渐已成为同稻谷并列的重要粮食品种。

乾隆皇帝在人们还没有认识玉米价值时，已经了解了该作物。十二年，安徽巡抚潘思榘奏道："芦粟（玉米）一种，宜于山地，不择肥瘠，六安州民种植甚广，舂煮为粮，无异米谷，土人称为六谷……臣俱谕令试种。"

乾隆皇帝看后批道："此可谓留心本计，嘉悦览之。"

在这些高产作物被乾隆皇帝推广种植的时候，乾隆时期农业的发展还表现在农村经济作物的扩大种植上。经济作物是人民日常穿用和手工业制品的重要原料，它的广泛种植一定会促进农村商品经济的发展。

当时，最为重要的经济作物就是棉花。棉花在我国种植比较早，具体无考。棉花是人们衣被所必需的。在乾隆时期，棉花种植因为其"费力少而获利多"，因而被推广种植。还有一项重要的经济作物是桑树，它为丝绸的盛产功不可没。除此之外，甘蔗、烟草及茶叶的广泛种植都为乾隆朝经济的繁

荣起了非常大的作用，尤其是茶叶，在乾隆时即远销国外市场。

乾隆皇帝还把玉米当做民间一种重要的备荒作物。在乾隆皇帝的鼓励下，玉米推广很迅速，在乾隆后期，很多地方“延山漫谷，皆种玉米”，农民“恃此为终岁之粮”。

总而言之，这一系列高产经济作物的推广，都是在乾隆皇帝的正确决策下进行的，这对缓和粮食匮乏，改善人民生活水平，促进经济发展都有非常大的影响和作用。

［成功秘要］

人性的一大通病就是贪图虚名。乾隆深知这一点对为官者的严重危害，他提出“不可慕虚名而忘实政”。实际上，无论古今，慕虚名而忘实政的现象屡有发生，因此不可不察。

史：

总结过去，展望未来

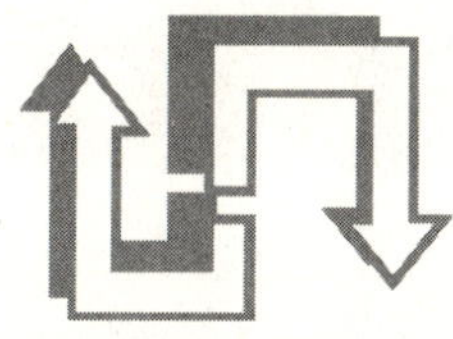

历史的经验值得注意，成功的经验要积极借鉴，失败的教训要虚心吸取，引以为戒，免得重蹈覆辙。成功者要有一种超越的大无畏气魄，才能成为真正的卓越英雄，创造辉煌的非凡业绩。

坚定信心，才能取得成功

曹操在与吕布争夺濮阳的战斗中，多次战败，军队困于此地，局面长时间都没有改观。正好在此时，一场历史上罕见的蝗虫灾害铺天盖地而来，因而此时吕布军也在困境之中，双方都有了退兵的打算。

这时候，在一旁隔岸观火的袁绍派人来到曹营，给他捎信说："老曹啊，一个人单打独斗太难了，还是与我合作吧。你可以举家迁到邺城，我都为你安排好了。"这时曹操刚刚失去兖州，军粮没有了，情绪正处于低谷，就准备听从袁绍的"忠告"。

正在这时，东平相程昱出使回来，曹操把这个想法告诉了他，程昱说："将军是不是因为眼前的局面而产生了自卑感呢？否则决不会出这种下策。那袁绍占据燕赵地区，有吞并天下的野心，又岂能容忍您在他营垒之中？况且袁绍这厮，是个小人，您怎能安心屈服做他的部下呢？您是龙中之龙，不能依附于人。现在兖州虽然失去，但是还有三城在您掌握之中，还有万余忠贞的将士。凭借将军您的神武，有荀彧和我程昱及诸将领，收拾余部，发挥他们的力量，称霸立业的机会还是有的，希望将军三思而后行。"

程昱的话犹如一记警钟，击醒了绝望中的曹操。是啊，与虎谋皮，投靠袁绍，曹操哪能心甘！之后，曹操打消了与袁绍联合的念头。

人在遭遇挫折的时候，情绪低落，容易失去自信，低估自己的能力。但当你开始否定自己或怀疑自己的能力时，心中自会产生“理由”认同你的否定。怀疑、不相信、潜意识认为一定会失败和并不真正渴望成功，这是很多人失败的原因。

因此，当你处在逆境时，一定要自信，不断地给自己鼓劲儿。用个形象的比喻来说，自信心好比是左右我们一生成就的调温器。一个平庸、原地踏步的人，他相信自己没有什么本领，因此获得的成就也少；他相信自己成不了大事，所以他也就没成什么大事；他相信自己不重要，所以他扮演的终究是可有可无的小角色。而且从他的谈吐、走路、行为等，都显示出他缺乏信心。他应该往上调高他的调温器，不然他会畏缩，妄自菲薄。而且，自轻者人必轻之，连自己都不相信的人，别人就更不会相信他了。

有一段格言恰好道出了自信心对人生的影响：“思其败则必败，思其殆则必殆，思其难则必难，思不成则难以成。相信可能则可能，相信可行则可行，值其成则可成，成败自在人心。”

碰上困难时，如果花费过多的时间去设想最糟糕的结局，这是在预演失败。就像一个高尔夫球员不停地嘱咐自己“不要把球击入水中”时，他脑子里将出现球掉进水中的情景。想一想，在这种心理状态下打出的球会往哪里飞呢?

缺乏自信是事业失败的主要原因。那么如何才能拥有自信呢?

应该改变对自己的看法，而且正确地认识周围的人。

你周围的同事不一定比你强。他们每天都神采奕奕、容光焕发，是因为他们相信自己，而且能够在工作中找到快乐。假如你勇敢地承接了挑战，但是很不幸你把事情弄糟了，这也没关系。只要你不是故意捣乱，你的上司仍然会喜欢你，

你的同事们也不会嘲笑你。对自己的能力坚定信心，必要时可以把自己的优点列在一张纸上，以时时勉励自己。

同时，在头脑中导入积极的思想。

不要一遇到难题就在脑中叮嘱自己千万要成功，或者设想如果失败了自己该怎样收拾残局。你只要把它当做一件平常事来对待，或者告诉自己，完成它不过是“小菜一碟”。告诉自己必定可以成功，并在头脑中设想事情成功以后上司的重视、同事的羡慕，以及随之而来的加薪升职。所有的事都有其积极的一面，只要善于运用这些积极的方面，你就可以轻松建立起自信。

[成功秘要]

把过去成功的例子放在脑海里。

用自己过去的成功例子不断地鼓励自己，你就不难建立起信心，也就有勇气去承担较有挑战性的任务了，成功的例子可以与眼前的这个任务有联系，也可完全没有关系，只要能让自己感到，自己是可以取得成功的就可以了。

要善于驾驭你的情绪，不要被情绪所左右。就算你遭遇第一百次挫折，也要像第一次遇到挫折时一样，平静地去接受。

功绩只能属于过去

刘文静，当初曾劝李渊起兵反隋，事情成功以后，他立有大功，官拜民部尚书。当时李渊对裴寂也非常器重，任命他为右仆射。上朝时，李渊时常让裴寂和自己同坐，对裴寂

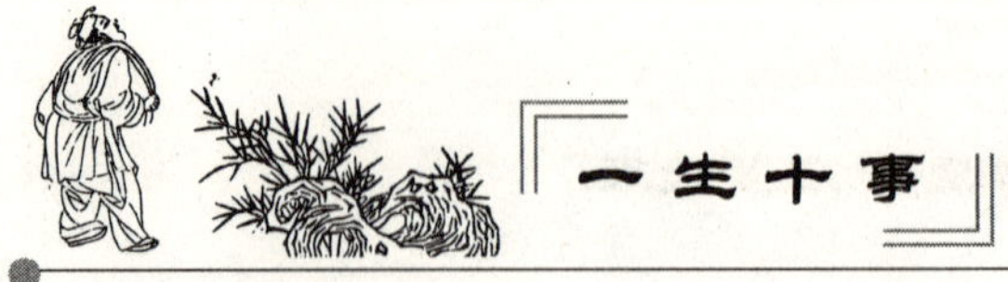

言听计从。

刘文静认为自己的才智比裴寂高，辅佐李渊创立基业功勋很大，现在地位却不如裴寂，心里愤愤不平。所以，他经常当众羞辱裴寂。在朝堂议政时，只要裴寂同意的，他必然反对；反之，只要裴寂反对的，他就一百个赞成，专门与裴寂作对。因而，两个人的积怨越来越深。

有一次，刘文静和他弟弟、通直散骑常侍刘文起一起喝酒。刘文静喝得醉意蒙胧的时候，就借酒发泄说："一定要砍了裴寂的头！"还有一次，刘文起因为家里时常闹鬼而请来一个巫师。在星光下，那巫师披散头发，口衔快刀，作法祛邪。

刘文静的一个侍妾因为没有受宠爱，心生怨恨，就把这两件事告诉了她的哥哥，让她哥哥告发刘文静谋反。

李渊闻听刘文静要谋反，勃然大怒，立刻拘捕刘文静，让裴寂和内史令萧瑀调查处理。

在审讯中，刘文静又借机发泄自己的不满说："当初太原起兵时，我任司马，和裴长史的地位差不多。如今裴长史的官职远在众臣之上。"他看大家都不高兴听他的话，便借机辩解说，"我内心的确不满，酒后难免口出怨言。"

李渊对群臣说："听刘文静的这一番话，显然是要谋反。"

萧瑀和礼部尚书李纲都替刘文静辩解，说他只是怨恨自己的官职比不上裴寂高，没想谋反。秦王李世民也替刘文静向李渊求情，说他只是在反裴长史而已，没有反朝廷。

但是裴寂这时却没替刘文静说好话，李渊一直宠信裴寂，对刘文静谋反一案，他思考犹豫了很长时间，但最后他还是听从了裴寂的意见，把刘文静、刘文起处死，家产全部没收。

尉迟恭也是李世民老班底的人，自以为功劳大，与皇帝交情深，平时脾气很大。有一次他前往庆善宫参加唐太宗李

世民举行的酒宴。他到来时，看见自己的位置被别人占了，勃然大怒，竟不顾君臣欢宴的场面，指着那个人大叫起来："你有什么功劳，怎能坐在我的上首？"

任城王李道宗看到尉迟恭这样大动肝火，便走过来劝解。尉迟恭不但没有听劝解，还把气撒向李道宗，举拳就打。李道宗躲闪不及，眼睛被打得顿时肿胀起来，几乎看不见东西。

李世民生气地中止了宴会，斥责尉迟恭说："朕一直责怪汉高祖诛杀功臣的做法，想和你们一起保持亲密的关系，共享富贵，并把这种情谊延续到子孙后代。但是，你身居高位，却不知道约束自己，数次违犯禁令。朕现在才明白，韩信、彭越被杀，不全是汉高祖的过错。功臣应当自重，希望你不要再居功自傲，不然，将会给你带来祸患，到了那时后悔就晚了。"

话说到这个份上，尉迟恭这才警醒。此后，尉迟恭很注意约束自己的一言一行，一直保持着功臣的风范。

假如你觉得自己的功劳和待遇不相符，受了委屈，也不要公开发牢骚，可以心平气和地找领导谈。汉高祖分封群臣的时候，把儒生随何的功劳给忘了，随何就主动向高祖说："当年您攻打彭城的时候，我带着二十个人出使淮南，说服黥布不要支持项羽，这作用难道比不上五万兵马吗？"高祖一听，连忙说："我正在计算随君的功劳呢。"马上任命随何为护军中尉。

[成功秘要]

越是有才能和功劳，在言行上越要谨慎，这才是自保之道。在生活中，职位、薪水、荣誉与成绩不一定完全相适应，

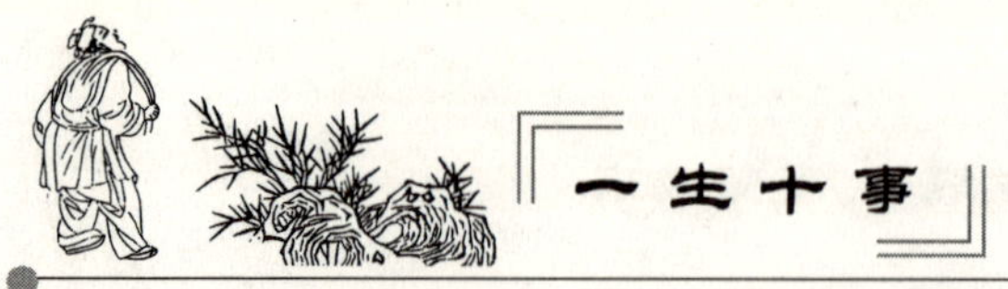

这是很常见的事。心态要放平和一点，要摆正自己的位置。

学会“推恩施惠”，切忌“功高盖主”

清同治三年（1864），曾国藩率领的湘军攻下太平天国首都南京，洪秀全病死，忠王李秀成被俘，幼主洪天贵被杀。历时12年的太平天国到这时已经失败。此时的曾国藩，主动向朝廷请旨裁减湘军，以此来向皇帝和朝廷表示忠心。

主动裁军之举，的确在很大程度上解除了朝廷对他的猜忌，而曾国藩最终也可保位极人臣的官位。事实上，太平天国被镇压下去之后，清廷就准备解决曾国藩的问题。毕竟他拥有一支朝廷不能调动而且远比八旗兵更有作战能力的强悍军队，对清廷是一个不容忽视的威胁。而在朝廷琢磨怎样解决这个问题时，曾国藩的主动请求，则正合统治者心意，于是顺水推舟同意遣散大部分湘军。又由于这个问题是曾国藩主动提出来的，所以仍然委任他为握有实权的两江总督。而这，也正是曾国藩自己要达到的目的。

我们再来看看美国著名企业家艾柯卡的命运。1978年的一天，当时担任著名汽车企业福特公司总裁之职的李·艾柯卡，在他事业的巅峰时刻，却被福特公司突然解职！

艾柯卡1946年进入福特汽车公司，做一名普通推销员。20世纪60年代初，福特公司面临危机，很可能倒闭。艾柯卡主动请缨，要求推出“野马”系列。这时执掌福特的亨利·福特二世（创始人亨利·福特的孙子）虽然对此全新概念车并不“感冒”，但是形势逼人，只好采纳。不料“野马”系

列一经推出，便很快成为市场竞相追捧的“宠儿”，当年便创下总销售量418 812辆的记录，净赚35亿美元，书写下福特历史上最辉煌的篇章。艾柯卡仅靠“野马”的销售奇迹，便挽救了整个福特公司。因此，艾柯卡差不多同时成为《时代》、《新闻周刊》两大知名杂志的封面人物。1970年，艾柯卡被任命为总裁。

虽然艾柯卡每年替福特公司赚取利润数十亿美元，艾柯卡还是遭遇到了他一生中最大的打击。原因其实也非常简单，“外姓人”目中无人、功高盖主，令亨利·福特二世及其家族势力感到的威胁非常大。1978年10月，在艾柯卡正当54岁的壮年时，被福特二世突然解职。同时福特还有意让他难堪，让他只作为一般职员在一间黑黑的库房里上班，他深感这是对他的极大侮辱。“我不知道我将要干什么，但我知道明天一定不到这个地方来上班！”这是到新办公室上班当天艾柯卡的内心独白。

经理人要懂得向上“推恩”，才能获得上司的重视，更重要的是信任。上司会觉得你不贪功，是可辅佐他的可用之才。相反，经理人如果处处和上司或老板抢功，老板一定会以为你野心太重，将来势力强大必将难于驾驭。这时上司非但不会把你放在重要的位置，也不会将你列为接班的人选。

当领导的总是要表示出在一切重大的事情上都比其他人高明。君王喜欢有人辅佐，但是不喜欢被人超过。如果你某些事做得好，你应该表现得你只是做了他本来就知道只是偶尔忽视的事。可谓尽管星星都有光芒，却不敢比太阳更亮。

如果你的才干远超过你的上司，那么你将难免有愤愤不平的感觉，并让旁人闻知其事。而这样无异于自取失败。但是假如你的能力成为上司或老板的荣誉，他就会认为你是他

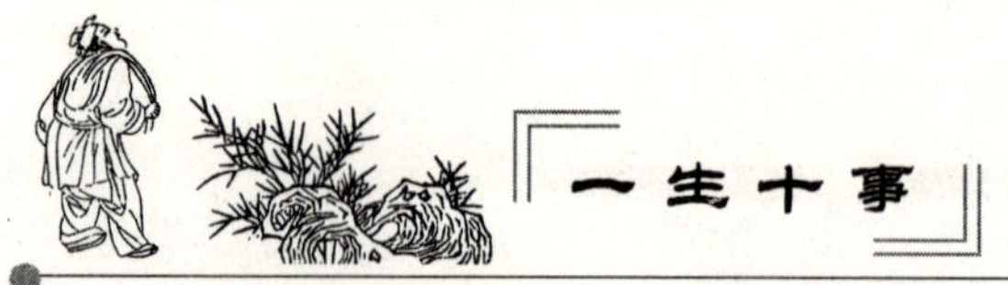

训练出来的，是他培养出来的。此时他对你就没有什么不放心的。

经理人不仅要懂得推恩，也要懂得“施惠”，将恩惠布施给下属。假如你只顾自己享受，下属会认为：自己为公司做到手软，却没有受到激励，对组织的向心力自然变得薄弱，对你这个主管也会变得口服心不服。要知道，一个能接近你而又嫉恨你的部下，是非常危险的。

你可以让别人推你攀升，也可以让别人拉你攀升，方法虽然不同，但结果却是一样的。所以，把功劳让给下属，他获得成就感的时候，也一定会助你成功。因为你的下一步成功，也就意味着他下一步的成功。

[成功秘要]

现在的经理人，要知道“推恩施惠”的道理。有功劳的时候，要知道将功劳往上推；有利益的时候，则要懂得施惠给下面的人。这个做法很值得经理人参考。

权力场中做永远的赢家

生活中有一些人，没有成功就怨天尤人，责怪上司不赏识自己，埋怨单位气氛不好等，总而言之不爱在自己身上找原因。后来他跳槽了，仍然没被提拔起来。这说明是他的心态出了问题，而不是环境。

一个优秀的人，应该有这种信心：无论在哪里都能干得出色。五代时期的冯道，历仕五朝，都是高官，是个乱世不倒翁。他有什么成功秘诀呢？

要选择正处于上升阶段的人，以保证前程的光明。

打个比方说，唐朝末年的冯道，出生在军阀割据、战乱频繁的唐中和二年（882），当时，李克用割据晋阳，独霸一方。李克用是一个有着雄才大略的人，其子李存勖在灭梁前期，也还是非常有作为的。大概是冯道看到了这一点，才投奔了李存勖，以图求得前程。在这以前，冯道在离家乡较近的幽州做小吏，当时，幽州守军刘守光非常凶残，杀人成性，就算是属下，也是一言不合即加诛戮，甚至杀了之后，还叫人“割其肉而生啖之”。冯道在这种人手下做事，自然是非常危险的。当时的冯道还是较耿直的。一次，刘守光想攻打易、定二州，冯道却敢劝阻，结果惹怒了刘守光，招来杀身之祸，后经人说情，被押在狱中。冯道经人帮助，逃出牢狱，投奔太原张承业的门下，经张承业的推荐，冯道成为李存勖的亲信。起初担任晋王府中的书记，负责起草收发各种政令文告、军事信函。过了不久，李存勖看到朱温建立的后梁政权非常腐败，就打算灭掉后梁。

李存勖灭掉后梁建立后唐以后，只重视那些名门贵族出身的人，对冯道这样没有“背景”的人，没有重用。直到庄宗李存勖被杀，后唐明宗李亶即位，冯道才被召回。明宗吸取了前朝教训，重用有文才的人，以文治国，冯道终被任命为相，真正发迹。

后唐明宗去世以后，他的儿子李从厚即位。李从厚即位不到四个月，同宗李从珂即兴兵来伐，要夺取帝位，李从厚得到消息后，连臣下都没来得及通知，就慌忙跑到姐夫石敬瑭的军中。次日早上，冯道及诸大臣来到朝堂，找不到皇帝，才知道李从珂兵变，并率兵往京城赶来。冯道这时一反常态，很是出人意料。他本是明宗一手提拔，从寒微之族被任命为

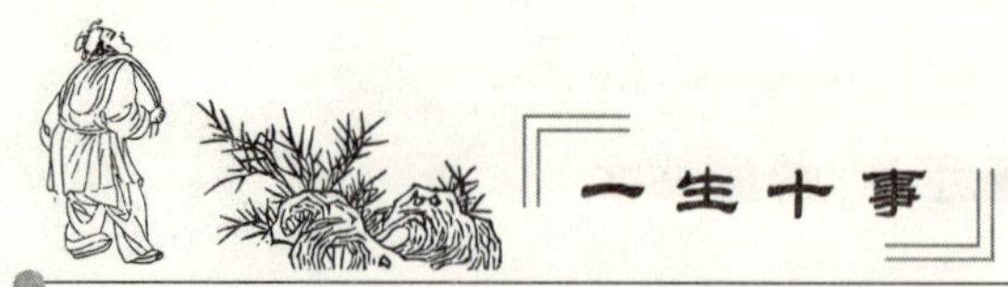

宰相的，按理说，这时正是他报答明宗大恩的时候，但冯道所想的是李从珂拥有大军，将来必能夺得天下；而李从厚还只是个孩子，即位以来尚未掌握实权，为人又过于宽和优柔，权衡了利弊之后，他决定率领百官迎接李从珂。

就这样，冯道由前朝的元老重臣摇身一变，又成了新朝的开国元勋。

石敬瑭在契丹人的支持下，打败了李从珂，当上皇帝之后，他首先是实现对耶律德光许下的诺言，不然，王朝就有倾覆的危险。特别是自称“儿皇帝”，上尊号于契丹皇帝与皇后，实在是一个让人难为情的事情。根据记载，写这道诏书的官吏当时是“色变手战”，乃至于“泣下”，可见这是一个奇耻大辱，至于派人去契丹当册礼使，更是一个不仅要忍辱负重，而且还冒生命危险的事。石敬瑭想派宰相冯道去，一来显得郑重，二是冯道较为老练，但石敬瑭很为难，恐怕冯道拒绝。谁知他一开口，冯道居然十分爽快地同意了，这真让石敬瑭喜出望外。

事实上，石敬瑭没有看出冯道的心眼儿。冯道觉得，只有结交好耶律德光，他在石敬瑭那里的位置才能保得稳，把“爸爸皇帝”笼络好了，这“儿皇帝”也不难对付了，因此他才宁愿背骂名欣然前往。

冯道非常圆满地完成了这次外交任务。他在契丹被阻留了两个多月，经过多次考验，耶律德光觉得这个老头儿的确忠实可靠，就决定放他回去。哪知道冯道还不愿回去，他多次上表表示对耶律德光的忠诚，想留在契丹。经过多次反复，耶律德光一定要他回去，冯道这时才显出一副依依不舍的样子，准备启程。

一个月以后，冯道才离开，在路上又走走停停，两个多

月以后，才出契丹的国境。他的随从不解地问："能活着回来，恨不得插翅而飞，您为什么要走得这么慢呢？"冯道说："一旦走快，就显出逃跑的样子，就算走得再快，契丹的快马也能追上，那有什么用呢？还不如慢慢而行！"这也显示出他的高明。

这趟差事圆满完成，冯道可真的风光了，甚至连石敬瑭都得巴结他，看他的脸色行事。石敬瑭让冯道手掌兵权，"事无巨细，悉以纳之"。不久又加冯道为"鲁国公"。

石敬瑭的后晋政权仅仅维持了十年多一点儿就完蛋了。后晋开运二年（945），耶律德光率30万军队南下，冯道大概觉得契丹人可以稳坐中原江山了吧，就主动来投靠耶律德光。冯道满以为耶律德光会热烈欢迎，没想到北方夷族不明白中原的人情世故，耶律德光一见冯道，就指责他辅佐后晋的策略不正确。这可把冯道吓坏了，但是精通处世之道的他马上换上一副卑躬的脸，小心侍候。耶律德光问："你为何要来朝见我？"冯道说："我既没有兵也没有城，哪敢不来？"又问："你这老头儿是什么样的人？"答曰："是个又憨又傻无德无才的糟老头儿。"冯道以老朋友的姿态装憨卖傻，卑辞以对，弄得耶律德光不知如何是好，也就没有为难他。

不久，耶律德光见中原百姓生灵涂炭，便问冯道说："如何才能救天下百姓呢？"冯道见机会来了，就装出一副真诚的样子说："此时就是如来转世，也救不了此地的灾难，只有陛下才能救得！"耶律德光逐渐开始相信并喜欢上冯道，还让冯道当了辽王朝的太傅。后来有人检举冯道曾参与过抵抗契丹的活动，耶律德光反为冯道辩护道："这人我信得过，他不爱多事，不可能有逆谋，不要妄加攀引。"

由于中原百姓的反抗，契丹人被迫撤回。冯道随契丹撤

到恒州，趁契丹败退的时候，逃了回来。这时石敬瑭的大将刘知远趁机夺取了政权，建立了后汉。刘知远不仅想安定人心，笼络势力，而且冯道也因保护别人而得赞誉，因此刘知远就拜冯道为太师。

五代时期的政权更迭，真如走马灯一般，让人眼花缭乱。刘知远的后汉政权刚刚建立四年，郭威就扯旗造反，带兵攻入京城。这时候的冯道，又故伎重演，率百官迎接郭威。他做了后唐明宗的七年宰相，还不念旧恩，何况后汉太师只做了不到四年，更是不足挂齿。冯道率百官迎郭威进汴京，当上了郭威所建的后周政权的宰相，并主动请缨，去说服刘知远的宗族刘崇、刘斌等手握重兵的将领。刘斌相信了冯道，认为这位 30 年的故旧世交，应该不会欺骗他，不料一到宗州，刘斌就被郭威的军队解除了武装。冯道又为后汉的稳固立了一大功。

[成功秘要]

冯道身处乱世，政局错综复杂，算是“城头变幻大王旗”。在此种情况下，他能够从容应对，全身免祸，还是很耐人寻味的。冯道一不贪婪，二不奸佞，不管给谁干都兢兢业业，做好自己分内的事，倒也为国计民生做了很多实事。冯道是个文官，他手上无兵，自然不会对别的军阀构成威胁，无论哪个军阀当了权，都需要一套文官体系为他效力，冯道和他的同僚们当然是现成的内阁班子。正是因为冯道的敬业精神，专业才干，从来没有野心，才使每届政府都重用他。这不也是一种个人发展模式吗？

侥幸取得的成功不要效仿

侥幸心理是一种主观愿望。存有这种心理的人，时常表现出如下症状：付出的不多，但是奢望得到更多；犯了大错，却总是往好处想；自己主观不努力，却希望得到上天眷顾、他人垂怜。侥幸心理，事实上是弱者的一种非分之念，是一种自己没能力把握却寄希望于别人的想法。做事时若是心存侥幸就会导致判断失误，乃至失败。

南北朝时期，梁武帝萧衍本是个有作为的君主，但是晚年信佛，而且同时又抱有一统中原的抱负。那时在西魏、东魏、后梁三国中，后梁除了能借江南的江河天险之外，在力量上算是最弱的。但梁武帝心存侥幸，想借助侯景的力量来取得他不能得到的东西，结果酿成侯景之乱。

侯景是东魏高欢手下的一名资格最老、最能打仗而且势力又强的宿将，与高欢是同乡，位高权重，十几年来东魏黄河以南的地区一直都归他统辖，形成了很大的根基。高欢名义上是东魏丞相，实为东魏事实上的君主，这人极会用人识人，上下都很服他。侯景尽管野心勃勃，但他亦能为高欢所用。高欢去世后，其儿子高澄继位，侯景便拥兵割据河南，闹独立，以为高澄小子，对他没办法。哪知高欢早知侯景在他去世之后会造反，要高澄在他死后，起用一个叫慕容绍宗的人，说此人是侯景的“克星”，十分了解侯景的性格特点和军事战略战术特征。以前高欢一直不用慕容绍宗，是因为他想让高澄来提拔重用他，因而使他能一心一意为高澄服务。侯景反叛，高澄便任命慕容绍宗为帅，统兵讨伐侯景。

侯景反叛东魏时，派使者到梁朝上表，声称要率他所管辖的 13 个州来归降。是否接受侯景？梁武帝召集群臣来商量。有大臣劝谏梁武帝千万不要接受侯景，说：“侯景是个反复无常的人，根据历史的教训，像侯景这样有狼子野心的人，是不会有驯服的秉性。侯景在高欢死后，坟土未干，就反叛了高氏，只是由于叛逆的力量还不足，才逃奔西魏，宇文泰没有收容他，才投靠了梁朝。他决不会成为梁朝的忠贞臣子。”可是梁武帝想借他来对抗东魏，最后还是接纳了他。这就为梁朝种下了祸乱的种子。

东魏深知侯景为人，所以挑拨侯景与梁朝的关系，几次派使者与梁朝修好。有大臣对梁武帝说，在东魏与侯景之间必须作出选择，现在已选择了侯景，再想与东魏和好，侯景必不自安，心中不安，必定会图谋作乱。在此种情况下，梁武帝如果真要与东魏修好，必须要控制住侯景；假如打定主意要利用侯景，就只能拒绝东魏，二者没有调和的余地。但梁武帝并没有这样的决断能力，虽然希望与东魏和好，但又控制不住侯景。

侯景知道梁武帝有与东魏通好的图谋，屡次向梁武帝上奏，说一定不能与东魏和好，“今陛下复与高氏连和，使臣何地自处！”其愤怒和不满溢于言表。侯景开始蓄粮聚众，厉兵秣马。梁武帝又心存侥幸，认为可以与东魏恢复旧好，同时又不会激怒侯景。他在答应与东魏修好的同时，好言安抚侯景，说梁朝不会抛弃他。

侯景非常狡诈，他为了试探梁武帝是不是在任何情况下都不会抛弃他，便假造了一封来自东魏的书信，说要以所俘梁朝将领交换侯景。梁武帝不辨真伪，同意以侯景交换被俘梁朝将领。侯景探知了梁武帝的内心，于是开始反叛。公元

548年，带兵过长江，直捣梁朝京城建康，围困梁朝皇宫一年多时间，这个长年吃斋念佛的梁武帝被活活饿死。之后侯景又杀了傀儡简文帝，自己称帝。前后四年时间，他把梁朝闹了个天翻地覆，使梁朝元气大伤，不久就改朝换代了。

从侯景之乱可以看出，酿成这样的祸乱，就是因为梁武帝心存侥幸，缺乏选择决断力的结果。

梁武帝不是聪明人，他作为皇帝，却吃斋念佛，而且四次到佛寺舍身（即出家），每次都是群臣花大价钱从佛寺把他赎出来。他吃住都十分俭朴，经常标榜自己一心向善，可他对全国挨饿的百姓却无动于衷。这种皇帝做事能有什么理性？

靠侥幸是不能成事的，就算偶然赢了一场，绝对不会永远赢下去。在这方面，曹操就很冷静，他在取得了很大的胜利后，也能冷静分析其中的风险，以作为下次的借鉴。

在官渡之战不久，一败涂地的袁绍被活活气死。袁绍的老巢：北方四州（冀州、幽州、青州、并州）由他的三个儿子袁谭、袁熙、袁尚继承统辖。曹操要想成就大业，就必须平定北方，剿灭袁绍残余势力。而且曹操发兵不久，也就是建安十二年（207）春时，已攻占四州，并斩杀了袁谭，唯一的缺憾是剩下二袁向北漠逃跑了。正应一鼓作气时，曹操却忽然犹豫起来……

这天，曹操召开高级军事会议，商议继续进军之事。以曹洪为代表的一批将领认为："今袁熙、袁尚虽然已兵败将亡，势穷力尽，但如果我们引兵西击，而刘备、刘表乘虚袭击许都（曹操当时的总部所在地），那我们就会出大麻烦了！还是回师的好。"这时唯有谋士郭嘉不以为然，他认为："北漠虽然很远，但也正因为其偏远，因而一定防备不足，如我们加以追击，一定全胜。况且袁绍二子一日不除，如同放虎归山，日后羽翼丰满，必是大患。而刘备、刘表二人面和心不和，互相猜忌，即使他们来袭，也没什么大不了的。”于是曹操决定西征。

行军路上，沙漠地区天气一度十分恶劣，曹操又一度打退堂鼓，结果又是重病中的郭嘉力荐进军，曹操才坚持下去。结果，挺过了最艰难的日子，在决战中曹操大获全胜，不久二袁即人头落地。北方就此平定，曹魏基业也从此奠定。

在后来的庆功会上，曹操除了祭拜已经亡故的郭嘉，还意外地嘉奖了曹洪等曾反对出征的将领。曹操说：“我这次冒险远征，是侥幸成功，但不足为法。你们的劝谏，都是万全之计，因此相赏，以后只管直言！”

也许，有人从这段故事中看到的，是曹操喜欢收买人心的权谋。但细细看来，会发现它最有价值之处在于：曹操在获得空前成功时，能够很清醒地认识到自己的成功来源于冒险，来源于偶然，“不足为法”。

[成功秘要]

天上不会掉馅饼，成功是靠平时脚踏实地的努力付出而得到，侥幸或投机取巧只可一时一事，守株待兔的做法贻笑后人，不足取法。

身居高位，更要谨慎

“在你往上爬的时候，务必要保持梯子的整洁，不然你下来时可能会滑倒。”这是美国管理学家蓝斯登提出的，旨在告诉人们：处世要谨慎，既要向上爬，又要考虑好退路。

古往今来，有很多人显赫一时，爬上权力或财富的顶峰，但是收场收得不好，从顶峰跌了下来，给人生画上一个不完美的句号。

《史记·佞幸列传》里记载一个叫邓通的人，他是汉文帝的宠臣，由于一个偶然的机会，深得汉文帝喜爱，之后命运发生了改变。文帝多次大量赏赐他钱财，还授予他上大夫的官职。

邓通只是一个水手出身，并没有什么实际的才能，既不能出谋划策，也不能推荐贤士。他的长处，就是自己处事谨慎，对皇帝唯唯诺诺，一味谄媚而已。

文帝赐给邓通一座铜山，答应让他自己铸钱。从此之后，邓通靠着铸钱发了大财，他铸造的铜钱遍布天下，人人都知道有“邓氏钱”。当时，他号称“产匹铜山，家藏金穴”，可见其在经济上的实力是非常强的。

有一天，文帝背上生了一个疮，脓血不停地流。早已经是文帝身边红人的邓通认为这更是一个表现自己忠心的机会，假如表现得好，不但能够得到更多的赏赐，也许文帝心情好，还会封自己做王公。打定了这个主意，邓通便天天进宫去，用嘴巴替文帝吮吸脓血。

一天，文帝突然问邓通：“天下谁最爱我啊?”邓通恭顺地回答：“当然是太子了。”太子刘启来看望文帝的病情，文帝要他吮脓血。太子见疮口脓血模糊，腥臭难闻，一阵恶心，可是又不敢违抗，只得硬着头皮吮吸，但是脸色很难看。之后，他听说邓通常为文帝吮吸脓血，这是做亲生儿子都无法做到的，便感到很惭愧；可是太子觉得邓通这样做难免有矫情的成分，也有邀功的嫌疑，更重要的是，让身为太子的他十分难办，也因此而嫉恨邓通。

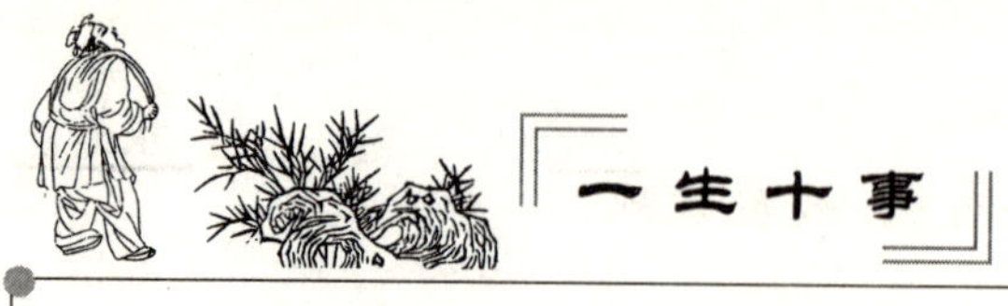

文帝死后，太子刘启即位，是为汉景帝。汉景帝对当年的事情一直耿耿于怀，便找了一个机会免去了邓通的官职。

皇位易主，新主子不喜欢他，应该说他必须警醒，收敛自己的言行。但是，邓通为了冲淡自己在权力场上的失意情绪，竟然铤而走险，采取了牟取暴利的手段，大做钱币投机的买卖。他认为这样能够让自己富可敌国，就算不能再做高官，也算是在财力上达到帝王的程度了。

不久，邓通铸钱牟取暴利的事情被人告发，景帝听到了这个消息，于是借题发挥，派人调查后结果证实确有此事，便把邓通家的钱财全部没收。邓通最后穷困而死。

和邓通相同的还有清中期的大贪官和珅。和珅利用他的地位权势，千方百计搜刮财富，很多朝臣和地方官员，知道他的脾气，就尽量搜刮珍贵的珠宝去讨好和珅。

乾隆帝在做满 60 年皇帝后，传位给了清仁宗，即嘉庆帝。嘉庆帝很早就知道和珅贪赃枉法，富可敌国，做太子的时候对他意见就非常大。过了 3 年，乾隆帝一死，嘉庆帝马上把和珅逮捕起来，让他自杀，并且派官员查抄和珅的家产。

抄家的结果，让众人大吃一惊。长长的一张抄家清单里，记载着金银财宝、绫罗绸缎、古玩奇珍，多得数都数不清，粗粗估算一下，差不多值白银 8 亿两之多，相当于朝廷 10 年的财政收入。后来听说，那查抄出来的大批财宝，都让嘉庆帝派人送到宫里去了。因此，民间就有人编了两句顺口溜，讽刺说："和珅跌倒，嘉庆吃饱。"

邓通、和珅这样的人最终倒台，直接的原因是失去了靠山，权力格局发生变化了，而他们没有及时应对。

不过，在古代社会，为人臣者能一辈子平平稳稳也确实很难。邓通、和珅因为贪婪招祸，那是咎由自取，可是像周

亚夫、檀道济这样的国家柱石，像王安石、张居正这样的改革中坚，最后的命运也不好，都没能善始善终。这是为什么呢？也许是因为中国古代是个人治的社会，所有全凭皇帝一个人的好恶，群臣都像在他眼皮底下走钢丝，风险太大，不知道什么时候就丢了帽子，丢了性命。

是否还有别的出路呢？也有。要么像范蠡那样急流勇退，退出政治漩涡中，图个潇洒自在。

中国古代社会是缺乏理性的、变数非常大的人治模式，而且制度不稳定，给皇帝当臣子没有人身安全的保障，即使皇帝本人也生怕自己一朝被人端掉，皇帝和臣子都当得心惊肉跳。因此，身居高位，更要处事谨慎，否则，这高位恐难坐得稳，坐得长久。

[成功秘要]

俗话说“无限风光在险峰”，到达一般人到不了的地方才能领略更美的风景。可是身处高位更要知进退，要做到宠辱不惊，处之泰然，则需倍加修炼和完善，方能游刃有余。

不向失败屈服，就能获得成功

古今成大事之人在失败面前都表现出了不屈的精神，最后终于成功。被人称为“内圣外王”的完人曾国藩，其受命于危难之中，以一介书生身份应朝廷之诏四年办团练，担当了重任，但是，命运好像偏偏与他作对，屡次出师不利，险些丧命，可他都忍下来了，最后终于取得了成功。

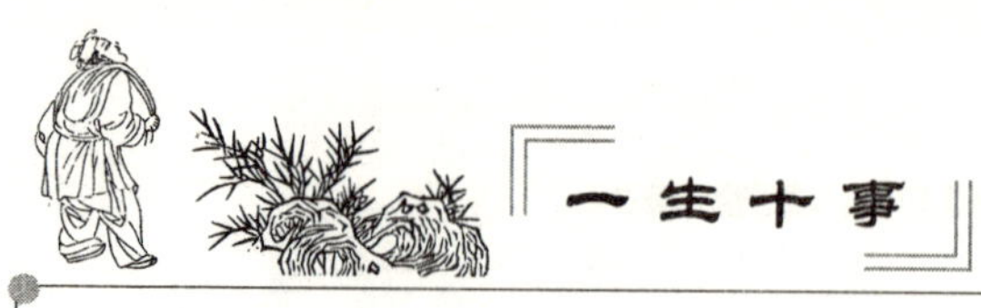

刘邦在这方面做得一点儿不比曾国藩差，本来自己在沛县起兵时势力就十分微弱，这在群雄纷起的动荡年代很容易失败，而且，还有天下无敌的项羽这样的人物与他作对，他的处境可以想象。

本来，楚怀王曾与多路诸侯约定，先入关者为关中王，刘邦先入关了，但是招来的是项羽气势汹汹的问罪，没办法的刘邦，只好“鸿门谢罪”才得以保全性命，忍辱接受了项羽所封的汉王称号。

刘邦誓要取天下，因此，他任用忠于他的很多文臣武将，休养生息，一举出关，可是彭城一役，差不多让他全军覆没。项羽的军队勇不可挡，杀得汉军一溃千里，汉王刘邦最后也落个孤家寡人，一个人不知到哪儿去。

人在危难的时候常更加思念亲人。兵荒马乱的时刻，家中情况如何？刘邦很担心。灵璧离沛县不远，他让十几个人分头去找回失散的部队，自己则只身回沛县看望父亲太公、妻子吕雉和一双年幼的儿女。

刘邦回到丰邑家中，只见屋门洞开，室内一片狼藉，早已经空无一人，心里禁不住一阵痛楚，他不敢久留，匆匆离开。突然，一辆马车从后面疾驶而来。刘邦吃了一惊，赶紧躲到路旁的树丛里，再仔细一看，驾车的是自己的参乘夏侯婴。他非常高兴，赶紧跳过去拦住。

马车跑了一会儿，见路边有两个孩子在哭，刘邦非常担心是不是自己的一双儿女，车子走近了，果然是自己的一双儿女，连忙把他们抱上车，重新逃命。这时楚军追得很急了，眼看马车速度越来越慢，刘邦一看没其他办法了，就把两个孩子推下马车，让夏侯婴打马狂奔，夏侯婴看见后，赶忙停车，把两个孩子抱上车，接着又驾车奔跑，刘邦一看又把两

个孩子推下车，夏侯婴又停住马车，去抱两个孩子，刘邦见状，用剑乱砍，夏侯婴则说："加上两个孩子也不会影响车子的速度的，车速减慢是因为马力疲乏，如此疲奔不如与来将讲情，也许能有一线生机。"刘邦厚着脸皮跟追来的楚将丁公说了好多好话，丁公是个狂傲无知的小人，结果放了刘邦。就这样刘邦又捡回了一条性命。

在以后的战争中，刘邦很多次失败，差不多战则有败，但是就是这种失败，造就了刘邦不屈不挠的精神，也正是这种精神，使他击败了西楚霸王，终于登上了天子之位。

[成功秘要]

失败后的不屈精神是一个人成功的法宝。

人最大的敌人就是失败后一蹶不振，如果真的这样，一定会堕落下去，而不再会奋进。可人总不会一帆风顺的，失败会常伴而生。这就看你怎样来对待自己的失败。

试：

勇于探索，大胆尝试

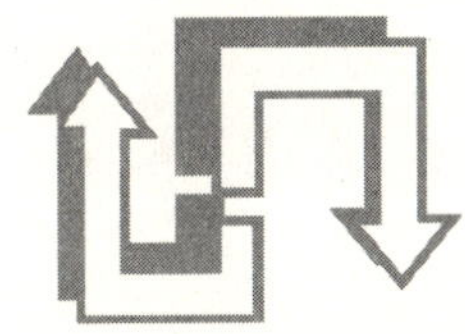

很多人之所以一事无成，最大的毛病就是缺乏勇于探索的进取精神，做起事来，犹犹豫豫，浅尝辄止，常在原地踏步，没有勇气跨出自己用懦弱画出的圈子。成大事者在看到成功的可能性出现时，就会勇敢出击，大胆作出决断，从而取得先机，获得巨大的成功。

成功常常与冒险结伴而行

明太祖朱元璋出身寒微，为生计出家皇觉寺当了和尚。但是他有着宏大的志向，在元朝末年天下大乱，起义军风起云涌时，相机而动，敢于冒大险，而成几百年大明基业。

元朝至正三年（1343）五月，黄河在白茅口决口。四年五月大雨二十多天，黄河水暴溢，根据史料记载，当时“平地水深二尺，方圆一带均被淹没，民死、伤者无数，惨不忍睹”。除富饶的江南以外，中原一带还是粮仓，黄河决口，元朝各级政府在税收等方面将要遭受不可估量的损失。

当权者不顾老百姓天灾人祸境遇下要生存，执意征民工15万，戍军2万人，开始治理黄河。十几万民工从黄陵岗（今河南兰考东）开挖，南到白茅堤，西到阳青村，全长140多公里。主要是疏通河床，让河水东流，回归原来的水道。整个工程耗资数以亿万计。

黄河一再决口，几次泛滥，河两岸的百姓流离失所，家破人亡，本来这里的百姓就非常少。就是这些留下来的极少的人们还要遭受瘟疫的折磨。现在官府又要让他们去挖河，监工和官吏对他们除克扣口粮以外，还常常鞭打他们，使他们身处绝境，受着多种的欺压。河北、河南的广大民工怨声载道，愤怒至极，整个修河的工地上，堆满了仇恨的干柴，就算一个小小的火星也会迅速地燃烧起来。

“变钞”以及“开河”成为农民起义的导火线。那时民间到处传诵着一首《醉太平小令》：“堂堂大元，奸佞当权，开河变钞祸根源，惹红军万千。官法滥，刑法重，黎民怨。

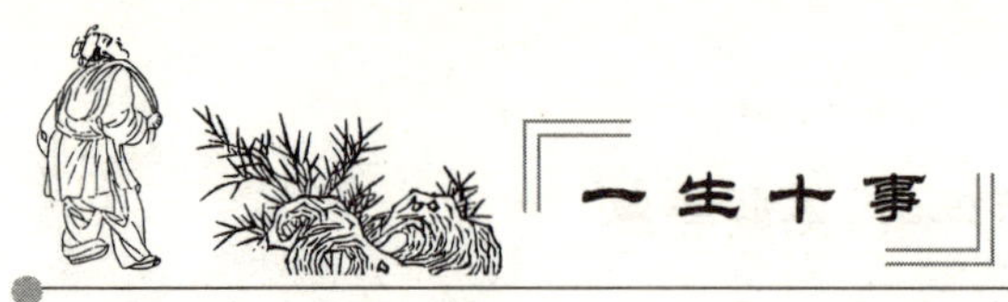

人吃人，钞买钞，何曾见，贼做官，官做贼，混贤愚，哀哉可怜！”百姓们借吟诵这首词抒发心中积压的怨气，全国到处怨声连绵不断，一场特大的暴风雨就要来临了。

明教教主韩山童和他的徒弟刘福通、杜遵道、韩林儿瞄准时机已到，便巧妙策划，准备发动起义。开始是编了一句童谣，“石人一只眼，挑动黄河天下反”，让人广为传唱，接着又刻了一个只有一只眼睛的石人，并在石人的背上也刻上了“莫道石人一只眼，此物一出天下反”的字样，随后将石人悄悄地埋在施工必经之地黄陵岗附近。

刚开始，怨愤的民工们将信将疑，但是当他们在施工中把那个独眼石人挖掘出来的时候，都信了，人心大为震动。工程结束，他们当中的很多人都跑到在韩山童的红巾军里去了。韩山童的队伍很快扩大起来。

自那以后，韩山童就宣称他是宋徽宗的第八代子孙，按理说应该是中国皇帝，而刘福通则是宋朝大将刘世光的后人，辅佐旧主起义、推翻元朝是理所当然的事情。因此，手下们一致推举韩山童为明王，想发动起义，大干一场。在起义的前一天，他们杀白马黑牛，誓告天地，说要起义了，以红巾为号。不小心消息被泄露了出去，官兵包围了起义军所在地，刘福通率众苦战冲出重围。韩山童不幸被捕牺牲，其家人乘乱逃出重围。刘福通脱身后，立即号召起义军，提前起义了。五月初三，刘福通出其不意地率众攻占了颍州、罗山、上蔡、正阳、霍山等地。黄陵岗的民工们得到消息，杀了监工，头上包了红巾，和刘福通领导的主力汇合在一起。

在刘福通英勇起义的精神鼓舞下，其他地方的起义队伍也风起云涌。至正十一年（1351）八月，邳州（今江苏邳县）人李二与赵均用、彭大等八人装扮成河工，采取里应外合的

方法，智取徐州城。天亮后树旗募兵，多达十余万，接连攻取宿州（今安徽宿县）、五河、虹县、灵璧，乃至安丰（今安徽寿县）等县。这年十二月，邓州（今河南邓州市）布贩王权也联合张椿起兵，攻下了河南不少州县，被称为“北琐红军”。至正十二年（1352）正月，孟海马等人也发动起义，攻占了襄阳等地，被称为“南琐红军”。

这些起义的红巾军全部由刘福通指挥，他们全都信奉白莲教，被称为“北方红巾军”。

至正十一年（1351）夏天，彭莹玉在江淮率众起义，响应刘福通。同年八月，邹普胜同徐寿辉在蕲州起兵，十月在蕲水建立农民政权，国号“宋”，后改“天完”（取压倒大元之意）。不久，起义军兵分两路：一路攻占武昌、江陵，另一路夺取长江中、下游及浙、闽地区。这支部队同样头裹红巾，亦称红巾军。他们每到一个地方，都严守军纪，不烧杀抢夺，不奸淫掳掠，因此深受百姓拥护。这支军队士气高涨，所到之处，所向披靡。他们开仓放粮，救济百姓。由于他们都在南方一带活动，因此被称为“南方红巾军”。当时大江南北流传着一首民谣：

天遣魔军杀不平人（不公平的人），不平人（被不公平对待的人）杀不平人（不公平的人），不平人（被不公平对待的人）杀不平者（不公平的人），杀尽不平（不公平的人）方太平。

农民起义的浪潮很快席卷漫延到了朱元璋的家乡。至正十二年（1352），濠洲的郭子兴宣布起义，也成立了一支红巾军。

郭子兴是定远县（今安徽定远）人，豪强出身，原籍曹州（今山东曹县）。他父亲在定远卖卦相命的时候，娶了当地

大地主的瞎女儿为妻，得到一份财产，定居定远，成为当地有名的地主。郭子兴兄弟三人，他排行老二。郭子兴目睹了元朝的腐败，感觉元朝气数已尽，天下将会有变，因此，把自己家的财产分给贫苦的老百姓和囊中羞涩的侠士，结交了不少的英雄豪杰，带领大家烧香，加入白莲教。刘福通起义以后，郭子兴决定联合孙德崖等人起兵响应，用了几日的工夫，召集了数万人。二月二十七日，他带兵趁夜里应外合，一举攻下濠州。

郭子兴攻克濠州的时候，元朝也派来了一支军队，但是这支军队却腐化不堪，成日沉湎于酒色，没有再训练，面对汹涌的农民起义浪潮，他们早就吓破了胆。他们不敢贸然进攻，为了向上级邀功领赏，他们派人每天出去到附近的村子里抓年轻的小伙子，抓来后给他们裹上红布冒充红巾军，算是俘虏，以便交差。老百姓受不了元军的欺压，呼朋唤友，到濠州投奔起义军去了。

在皇觉寺的朱元璋并不只是待在事不通晓的阁楼中，外边发生的一切轰轰烈烈的事情他都有所耳闻，他的心早已飞出了皇觉寺。各处红巾军的所作所为使他振奋不已，特别是彭莹玉说的那句“贫极江南，富夸塞北”的话更使他心潮澎湃，说到他心窝里去了。

想想也是，自己一家人以前种庄稼，一年到头劳碌辛苦，收了粮食，却吃草根树皮！什么好东西，粮食布帛，珍宝财富，全被刮空了运到北边！种庄稼的怎么会这样穷？这么苦？一辈一辈受熬煎呢？从前只怪穷人命苦，这两句话却明确指出穷、苦，辈辈受熬煎的原因。假如想活命，必须改变这个局面，把“吃人”的朝廷推翻。

在现实生活中，一个人就算有通天的本领，假如不被人

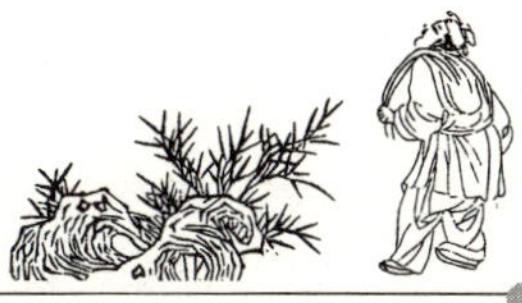

发现，并且给以引荐、使用，并且是放心大胆地去重用，日久天长，那点才华就会夭折。这就是人们常说的“枉有一身本领，但是苦于无用武之地”的道理。

虽然在皇觉寺的朱元璋认为现在该是走出寺门，大干一番事业的时候了，可是却苦于无人引荐，没有投靠和出走的准确方向。干这种同政府对抗的事，比不了当游方和尚那样走到什么地方算什么地方。因为本身身处濠州，对濠州的消息听得格外多些、格外敏感的原因，起初，朱元璋原本打算投到郭子兴的手下去，但是接着又听说，濠州城里的那五个元帅，各自为政，各自发令，没有谁听谁的，一句话，在最为重要的团结方面就是一团糟。

“在大兵压境的情况下，内部团结是如此的糟糕，就敢跟元兵对仗？就能打败元兵？假如我去了，弄不好在内部自相残杀中还会把自家性命丢掉呢。”朱元璋这样忧虑着，所以打消了投奔郭子兴的念头。在这段难熬的日子里，他就像一头被困在笼子中的野兽，急得团团乱转，不知怎样才好。不过紧接着，机会，也就是人生转折从此便开始了——

一个阳光明媚的早晨，有个红巾军打扮的汉子专程从濠州给他带来一封信，信是少年同伴汤和写给他的。朱元璋只能躲在泥佛像后边悄悄看。信中说，汤和带着十来个小伙子，已经投奔到郭子兴的麾下去了，现在干得十分带劲，心情也十分舒畅，日前汤已经擢升为“千户”了，比当佃农不知强出了多少倍。“很明显，我给你写信的目的，”汤和这样写道，“是让你也到这儿来，参加红巾军，参加推翻元朝统治者，恢复汉人江山的活动，像郭元帅所说的那样，建立属于汉人的政权。届时，说不定咱们兄弟们还可以混个一官半职做呢。况且，你一个男子汉大丈夫，就打算在寺庙里当一辈子无所

事事的和尚吗？……”

朱元璋看完信后，生出一肚皮心事。他在大殿上踱过来踱过去，以口问心，以心问口，反复思索，突然省悟，把信就着长明灯烧了，还是没有下决心。直到有一天，有个师兄偷偷告诉他，全皇觉寺的人都知道他跟外面的红巾军有联系，这是因为汤和派来的那个信使他们全都看见了。师兄心慌地说：“你假若再不离开，他们准会把你捉拿了送给官府请赏的。”

“看来不出走是不行了。”朱元璋心慌意乱地想。但是在这个生命攸关的时候，他还是有些犹豫。他急得没法，便去找刚从外乡回来的周德兴，商量个对策。周德兴出主意让他占卜，以吉凶决定去留。朱元璋忐忑不安地返回寺里，准备算上一命，不料还没有到山门，就闻到股烟焰味，跑去一看，寺庙被火烧光了大半。是元朝军队以为僧寺里供着弥勒佛，红巾军念弥勒佛号，怕和尚给红军做间谍，把附近的寺庙都抢光烧光了，这一天轮到了皇觉寺。朱元璋呆了一阵，知道寺里再也停留不了了，下定决心到红巾军队伍里去。向伽蓝神焚香磕头问卜，结果逃与留都不吉利。再卜一卦是不是应参加义军造反，结果大吉。朱元璋下定决心，前去投奔郭子兴。后来，朱元璋在《皇陵碑》中还回忆当时情景：“……好友寄来书信，劝我参加义军，心中担忧又恐惧，正在犹豫不定，此事却被别人发觉，声言要告官府。形势很急，算上一卦，结果逃亡和留守都不吉，只有投军方大吉。”这就是朱元璋高人一筹的地方，他向世人表明，他投奔起义军的决定是神灵的启示，他是受命于天，受菩萨保佑的。

至正十二年（1352）闰三月初一，朱元璋穿着袈裟，来到濠州城下。濠州城戒备森严，元军在城外30里的地方驻扎

着。尽管他们不敢随便攻城，但也是屯营，与红巾军相对峙，所以濠州城上城下哨兵林立，气氛十分紧张。天刚蒙蒙亮，守城义军发现一个和尚站在城下，于是问他是做什么的，朱元璋回答说他是来投奔红巾军的。红巾军兵卒见他穿得破破烂烂，又是个和尚，怎么也看不出他有参加红巾军的诚心，于是怀疑他是元军派来的奸细，所以派人到城下，不由分说把他绑起来，押到郭元帅帐前，请令问斩。

还必须承认，在一些方面，郭子兴虽然枭悍、性直，但是仍不失沉稳之风，还算是个细心人。他不急于给令，反倒这样说："待吾瞧他一眼再议。"

他走到门外就见一个和尚虽然被五花大绑着，却没有一点害怕的样子，尽然一副轻松、从容的神情，他身材高大，浑身散发着大无畏的精神。两只耳朵大而有轮，两眼炯炯有神，样子非常威武。郭子兴一见就十分喜欢他，问明白后才知道，他是皇觉寺的和尚，曾经入过教，是好友汤和邀他来参加义军的。郭元帅听后大喜，连忙令人给他松绑，收他做了一名步兵，那时朱元璋25岁。

这一过程看起来简单，但是为朱元璋带来了峰回路转的命运，使他打开了走向成功的大门。

从严格意义上来讲，假如郭子兴不大胆地使用朱元璋，反而把他当奸细或者杀了，或者将他赶出濠州城去，那么，就不会有朱和尚的以后，也谈不上来日做明朝的皇帝了。

对朱元璋投奔郭子兴一事，我们应当做何评价呢？实事求是地说，朱元璋的投军过程有一定的偶然性，但是他投军的决心却不容怀疑。在接到朋友的信之后，他一开始并没有盲从，而是思考了很长时间，这说明了朱元璋的细心与谨慎，这是一个智者必须具备的基本素质。

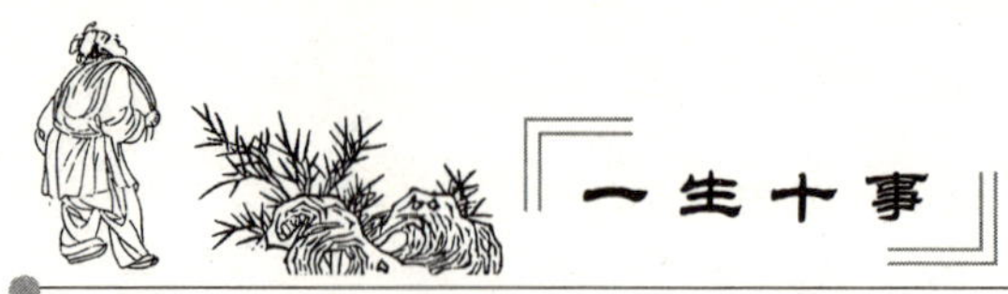

对于关系到自己一生安危的重大转折，年轻的朱元璋对自己人生中这一完全是由个人单独决定的道路小心计划，完全是可以理解的。虽然他很年轻，却在走南闯北的游历中，积累了许多处世经验，他能够明白，参加与朝廷作对的起义军事关重大，在悬赏捉拿的威慑下，选择机会上的任何失误当然会使他付出最惨重的代价，包括自己的性命。

然而情况突然生变，在遭遇出卖、面临生命之虞的情况下，他又一次表现出了非常果断的素质，毅然去投军。

[成功秘要]

要做大事，一定会冒大险，审时度势、果断决策十分关键，优柔寡断、反复思量，常常会失去重要机遇，与成功的机缘擦肩而过，是难以有所作为的。正是基于这样的思想、这样的理念，朱元璋揧起了反元的大旗，从而也抓住了自己一生中最为重要的成功机会。

开阔心胸，能者为仕

读书人可以通过科考来做官，庄稼种好了怎么不能做官？事实上种好庄稼也是一门学问。

让有经验的老农当官，就授予老农顶戴（官帽），这可以说是雍正为发展农业而采取的另一个别出心裁的办法。这个办法也许是他个人的独创，而创新精神却是任何一位有进取心又勇于开拓的帝王的一大特点。

雍正二年（1724），个性鲜明的雍正指出："农人辛苦劳作以供租赋，不但工商比不上，不肖士大夫也比不上也！"在

这里，他把农民高高抬了起来，认为农民靠辛勤劳动的成果供给政府租赋，支持国家，这样大的贡献非但工商业者不能比拟，就是连那些不肖的官僚也无法跟农民的贡献相比——雍正的这一看法虽然有些偏激，但对于一个封建帝王来说，能注意到农民的不容易已经是难能可贵了。同时，他重视农业以及推崇农民的做法也颇值得当代人引以为鉴。

在雍正看来，农民既然有如此大的贡献，那就应该论功行赏，给个官儿做。所以雍正下令各州县官员，每年必须在各乡中选择一两个勤劳俭朴又没有过失的老年农民，授予他们八品顶戴，用来表示奖励。

当然，老农这官儿不是好当的，雍正之所以授予他们顶戴，就是要在农民中树立楷模，以便众人仿效，提高垦田耕种的积极性。而且，农官还有另外一项任务，那就是他们有责任用他们的先进经验指导当地的农业生产，好让群众走上共同富裕的道路。

雍正的这一举措，很是值得后世深思。想一想，一个封建帝王，久居深宫，又怎么会有这般超前的意识呢？其实并不奇怪，奥秘在于雍正的亲民意识、民本思想以及从实际出发，注重社会现实探索。话虽然如此说，真正认识到老百姓的内心要求却十分困难。无可否认，雍正的这一举措的确是非常超前的，而且他所处的时代是18世纪初期，距今大概有二百七八十年的历史。

从来就没有无源之水，从来就不存在无本之木。如前所说，雍正的这一举措，也是依据当时的实际情况提出的。当时，清朝地方政府，仅仅有管税收的官吏，但是没有指导生产的政府机构。也就是说，当时的各级地方政府只会向老百姓要钱要粮，却从不从投入方面着眼，从根本上考虑问题，

只管索取，而且也不过问老百姓的生产生活等问题。这就引起当时的农业生产乏力的局面，这种局面严重地阻碍了社会发展。所以，雍正才根据实际情况，设立农官一职，以督促和指导农业生产。

农官的设立，毕竟是亘古以来第一次尝试，其中还存在着很多的缺陷，甚至可以称之为滑稽——老农当了官儿，头顶着顶戴花翎，却要冒着严寒酷暑，出入于田间地垄，禾锄挥汗。这不但滑稽可笑，而且也有损于封建社会的伦理纲常。除此之外，更有甚者，则是地方上某些乡绅无赖，往往靠贿赂的方式就能得到这个顶戴，而且借此大耍淫威，横行乡里。更有趣儿的是，有些无赖乡绅借此自称某县“左堂”（所谓左堂，亦即县太爷为右堂，自己则为左堂，意即与县太爷平起平坐的意思），建立衙门、私设牢狱，以朝廷八品大员自命，竟公然要朝廷九品巡检服从他的命令。到那时，这非农非官的农官就违背了雍正当初设此一职的本意。

发现这个问题后，雍正立即命令把那些冒充的农官革退，另外选择合适人选替补，并允许那些不法的农官及其举荐官员自首，对于拒绝自首的则严惩不贷。在他的命令下，那些劣绅无赖只好乖乖就范。

这件事，让人看出雍正的又一心智，不但可以大力推行改革，而且还能及时纠正改革中出现的弊端。这不只需要改革者有坚韧不拔的决心和心智，而且还要求改革者有勇于承认错误的勇气和度量。而雍正，正是这样一位改革者。从中也可以看出雍正敢做天下人都不敢做的事的胆略。

[成功秘要]

有些人仅知己，而不知人，其弊端是自以为是。雍正对

待这种人深恶痛绝，警告他们一定要知人知己。雍正眼界开阔，做到以农为官，可算得是吏治开明。

胆识勇气脱险境

明朝某官宦人家，有个五龄儿童，聪颖过人，玲珑活泼，人见人爱。元宵佳节，老家人背着他上街观灯。今年的灯会非常热闹，街上红男绿女，熙熙攘攘，个个兴高采烈，人人流连忘返。老家人正出神地观灯，突觉肩上一轻，五龄童已不在背上，连忙四处查看，哪里还有小主人的踪影！再说那五龄童也在出神看灯，正在人群拥挤当口儿，忽觉身子一掀，两手脱离了老家人的肩膀，等再抓到老家人肩膀时，眼前的灯队又变了花样，他便目不转睛地观看灯队的表演。但是稍过片刻，五龄童就觉得情况不一样，背他之人不向人多处挤，反倒向人少处跑。再仔细一辨认，那人衣着、身影都不像家中老仆，他顿觉自己被骗子拐跑了。

背他之人果真是个骗子，外号“雕儿手”，生得精悍，出手灵巧。他见五龄童穿着华丽，尤其是一顶帽子镶嵌着一颗硕大的“猫儿眼”宝石，就使出绝技，将小儿移至自己背上，准备背到僻静处再取他的衣帽，所以远离灯市，专拣小路僻巷行走。五龄童年纪虽小，却颇有心计，他默不出声，假装不知受骗，想着脱身的方法。他先想到帽子值钱，所以将帽子取下，藏在袍袖之中。“雕儿手”是个骗子行家，虽然后脑并不长眼，但已发觉了五龄童的举动，心里暗暗得意：毕竟是小孩子家，你人还在我手里，将帽子藏起又有什么用，也默不作声，继续向偏僻处快跑。脚步交错，摇摇晃晃，他觉

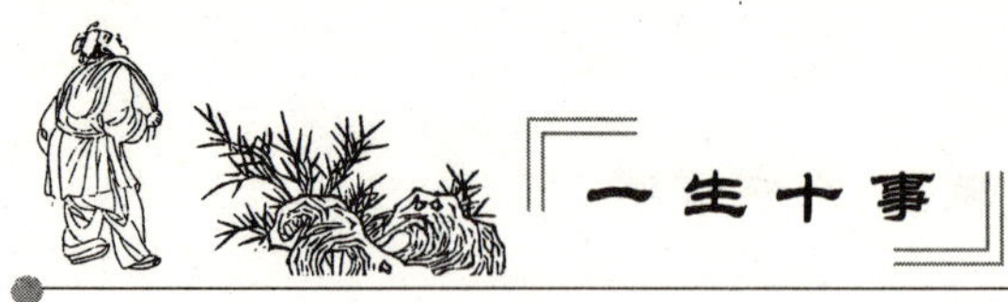

得背上的孩子竟然伏在他肩上睡着了，于是更觉得意。这下省事了，就算在路上遇到人也不会碍事。

当他转入一条小巷，前面过来一乘轿子，“雕儿手”便向路边停了一会儿，让那轿子过去。正当轿子擦肩而过时，五龄童猛然向轿内大声喊道：“叔叔快来救我！”这一喊声，吓得“雕儿手”连忙把他扔下，返回原路，混入看灯回家的人群之中。五龄童刚才是佯装睡着，以麻痹骗子，轿中之人也不是他的“叔叔”或熟人，只是一个突发急病要去求诊的老妇人，那病妇问明了情况，将五龄童托给了巡街的官员。那巡街的官员认识五龄童，心想，自己身为巡街官员，职责非常重要，于是想抓到骗子，将功赎罪，也好向上司有个交待。他问五龄童：“那骗子长得如何相貌？”

五龄童眼珠一转，回答道：“我趴在他的背上，没能看得见骗子的面容？”巡街官员自觉问得可笑，还不知如何抓贼时，五龄童又笑着说：“但是我已在那骗子身上留下记号。”原来，五龄童所戴之帽上，有母亲插上的一枚避邪金针。五龄童在藏帽之际，悄悄地将金针穿在那“雕儿手”的衣服上。巡街官员于是封锁路口，不多久就在人群中找到了“雕儿手”。

那老家人因为找不到小主人，已经回家报讯。全家一片慌乱的时候，五龄童却笑嘻嘻地回来了，阖家上下转忧为喜，齐夸他聪敏乖巧。

再来看一则关于一个男孩智斗强盗的故事吧。

唐朝时候，郴州经常有强盗出没。有一个名叫区寄的孩子，以打柴放牛为生。有一天，他在山坡上放牛。突然，从树林里跑出两个十分凶恶的强盗。区寄还不知道是怎么回事呢，就被强盗用布堵上了嘴，两只手反绑着，连推带搡地押

走了。好像是走了几十里地的样子，区寄明白了：原来他们是想把我弄到前面集市上卖掉。想个什么办法，才能得救呢？区寄假装很害怕的样子，全身颤抖，“呜呜”地哭着。两个强盗看见他怕得直哭，就放下心，大口地喝起酒来。一会儿，就喝得醉醺醺的。其中一个强盗摇摇晃晃地站起来，到集市上去找买主。另一个强盗见区寄还在伤心地哭，顺手把刀往地上一插，依着大树打起鼾来。区寄看见强盗睡得像死猪一样，就慢慢地挪到刀旁，把绑在手上的绳子对准锋利的刀刃，上下用力磨了几下，绳子被割断了。他拔起刀，紧紧握在手中，看准强盗的喉，猛地砍下去。强盗还没有吭一声，就糊里糊涂地没了命。区寄扔下刀，转身就跑。他没跑多远，刚好撞上了那个从集市回来的强盗。强盗大吃一惊，赶忙捉住他，又见大树下的同伴被杀，就举起刀，想把区寄杀掉。

区寄看着凶神恶煞的强盗，故意装出毫不在乎的样子。强盗吼叫道：“小东西，你就要死了，难道不害怕吗？”区寄机智地说：“我给你们两人当仆人，怎么会有给你一人当仆人好啊！他对我不好，我没有办法，只能杀掉他。你如果对我好，让我干什么都行！”

强盗听了他的话，心里盘算着：“对，同伴死得正好。我如果杀了这孩子，还不如卖掉他，自己得钱呢。”想到这儿，强盗忙把同伴的尸体藏起来，绑着区寄，到了买主住的地方。强盗这次不敢大意了，把区寄的双手捆得牢牢的，自己就坐在旁边看守着。

到了半夜，区寄偷偷一瞧，强盗睡着了。可是刀在强盗身旁没法割断绳子，如何是好？他看到屋子中的火盆，喷着蓝蓝的火苗，总算有了主意。他转过身，慢慢地挨近火盆，把手举起来，让火苗烧烤手上的绳子。火把他的手烧起了泡，

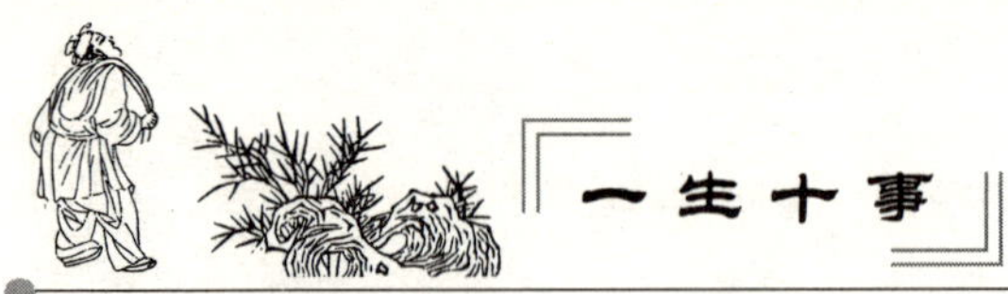

疼得直钻心，他咬紧牙关坚持着，一声也不吭。绳子终于被烧断了。区寄小心地来到强盗身旁，拿起刀，费了全身力气向强盗砍去。区寄杀了这个强盗之后，站在院子里大叫：“快来人啊！快来人啊！”睡梦中的人们听到喊声，不知发生了什么事，全跑出来看。区寄大声说：“我是区家的孩子，不能给别人当奴隶。两个强盗抓住我，要把我卖掉，我把他们都杀了。一人做事一人当，你们带我报告官府吧，我一定不连累大家。”

出了人命，真是件大事。区寄最后被送到一个叫颜正的大官那儿。大官问明情况，不仅没判他的罪，还十分佩服他的机智勇敢，要留他在手下当差。区寄宁愿回家去放牛，也不愿给这些大官当差人。他唱着歌儿，非常高兴地回到了自己的家乡。家乡一带的强盗听说了这件事，个个吓得胆战心惊，没人敢从他家门口过。老百姓却夸奖说：“区寄智除两强盗，真是个了不起的小勇士啊！”

当今，这种拐卖儿童的事件时有发生，因此，小朋友们更要学习区寄这种处变不惊的有胆有识的精神。

[成功秘要]

在遇到危险和困难的时候，必须要有胆识勇气和处变不惊的本领，只有这样，当遇到突发变故时才能够静若泰山、临危不乱，才能够把握时机给予反击，从而使自己脱离困境。

爱才、容才、用才是事业成功的关键

朱元璋小的时候也曾经读过几年书，懂得一些文史，在衙门中曾经做过一段帖书，后来聚众起义，迫于官兵的追剿，投奔了徐寿辉，因功升为领兵元帅。徐寿辉原来是一名布贩，还有一个名真逸，也叫做真一。人缘好，结交了很多的江湖朋友。他身材高大魁伟，相貌出众，后来参加了彭莹玉领导的弥勒教，被推为首领。彭说徐乃是弥勒佛下世，应为人主。

自从渡江占领太平后，朱元璋的地盘跟陈友谅的地盘相挨着，这就更加激化了他们的矛盾。于是朱元璋剖析了陈友谅，发现他多疑、猜忌，担心赵普胜超过他，而且赵的实力名望都不低于陈友谅，因此，朱元璋这个善于运用计谋的人便使用了离间计，成功地与陈友谅灭了赵普胜。

龙凤二年（1356），陈友谅率军欲取池州，朱元璋设计斩杀敌首万余，生擒3 000，使得陈友谅很难前行。后陈友谅挟徐寿辉进攻太平，接着攻占了采石。在采石，他杀死徐寿辉自称皇帝，国号大汉，改年号大义。陈友谅弑君称帝后，派人约张士诚一起进军应天。当时群雄之中，陈友谅实力非常强，他的水师是朱元璋的10倍，他拥有混江龙、塞断江、撞倒山以及江海鳌等100多艘大舰，战舸数百条。应天的文武官员听说陈友谅要来攻取应天，很多人都惊慌失措，有的主张投降，有的主张上钟山据守，也有的主张放弃应天，保存实力，再作计较，还有的主张主动攻打太平，牵制陈友谅的兵力。面对诸将的议论朱元璋没有理睬，只是将建议他先攻

陈友谅的刘基请进密室，向他请教退敌之策。对这件事，刘基还是建议，集中兵力先击陈友谅。两人仔细研究了东西线形势，决定实行战略转移，集中兵力向东北和西线出击，还一起制订了一个诱敌深入、设伏歼敌的作战方案，一场保卫应天的战役打响了。

朱元璋就像一个心理大师，已经知道陈友谅骄傲轻敌而且求胜心切，因此设计诱其进攻应天，自己在路上埋伏出击。陈友谅果然急于求胜，亲自率师东下，直奔应天。当他赶到江东桥时，发现木桥变成了石桥，才知道中计，想撤回已经晚了。这时，朱元璋在卢龙山顶居高临下指挥战斗，下令擂响战鼓，举起黄旗，接着，伏兵四起，杀声阵阵。常遇春、冯胜率伏兵冲向龙湾，徐达也领兵从南门杀到，会同张德胜、朱虎的舟师，将陈友谅的兵马团团围住，分而歼之。

看见从四周杀出的众多士兵，汉军将士心里一阵恐慌，争相登舟，想着赶紧离开。不料，正值退潮时期，战舰全部搁浅，汉军被杀死、淹死的不计其数，2 万人被俘，陈友谅乘小船才侥幸逃脱。朱元璋这战大获全胜，并缴获上百艘巨舰，陈友谅主力全部丧失。

应天保卫战中，在敌强我弱的情况下，朱元璋非常善于把握机会，变被动为主动，精心设计并导演了这次战斗，显示了他驾驭战争的能力。这场战斗进行的每一步都在朱元璋的预料之中，初步显示了他的军事天赋。朱元璋抓住陈友谅骄傲轻敌的弱点，诱敌上钩；借助应天地理形势复杂的有利条件，将陈友谅巨舰引入狭窄的河道；又巧妙准确地利用江水涨潮退潮的时机，导致敌舰搁浅，逼迫敌军弃舟登岸。避免敌军善水战之长，发挥自己善陆战的优势，凭少胜多，以弱胜强，使应天转危为安。

朱元璋就是一个会抓住机遇的人，在与陈友谅逐鹿的过程中，常用计谋频频胜利，扩大了战果。到洪都归降后，双方的军事力量只在一年多的时间里就发生了非常大的变化，朱元璋由弱变强，已经具备了同陈友谅一决雌雄的实力。龙凤八年（1362）二月，朱元璋返回应天，他召集诸位将领研究下一步的战略，对东、西两个敌对势力比较分析之后，他指出："友谅剽而轻，其志骄，士诚狡而懦，其器小，志骄则好生事，器小则没有远图。若攻士诚，友谅必空国而来，让我疲于应敌，事有难为；先取友谅，士诚必不能逾姑苏一步，以为之援。"

经过这几次的战争后，朱元璋强调：以后的战略还是先攻陈友谅，后灭张士诚。

应天保卫战的胜利，让陈友谅陷入众叛亲离的困境。朱元璋因为战绩突出被小明王封为吴国公。陈友谅当然也不甘心失败，多次派兵进行反击，并于龙凤七年（1361）七月夺回了安庆。朱元璋从降将口中了解到陈友谅政权内部矛盾重重的情况后，决定亲自带兵出征。他率领舟师溯江而上，在龙骧巨舰上竖起一面大旗，上书"吊民伐罪，纳顺招降"八个大字。沿江守军有的望风而逃，有的卷旗而降，只有安庆坚守不下。刘基认为陈友谅以重兵把守安庆，江州一定空虚，建议朱元璋暂时放下安庆，直捣江州。朱元璋挥师西进，陈友谅没有来得及重新布防，仓皇应战，战败逃往武昌。朱元璋分兵攻取附近地方，到次年正月，江西各州县以及湖北东南角都归入朱元璋的版图。二月，朱元璋回到应天，准备调整兵力，对陈友谅发动全面进攻。

朱元璋同陈友谅的较量，就像拉锯战一样，一上一下。此时北方军事形势出现了意外的变化，"龙凤"的实权落入刘福通手里。元军也发动反攻，结果小明王落入元军。朱元璋不听刘基的劝阻，必要救小明王，陈友谅却乘机发动战争，与朱元璋决一死战。所以，陈友谅强行征集大量农民和市民为兵，赶造数百艘战舰，准备出战。

龙凤九年（1363）四月，陈友谅倾巢而出，水陆大军号称60万。假如他趁应天空虚，长驱直入，朱元璋不可能有时间调兵布防，必受到致命打击。但是因为上次在应天吃了大亏，陈友谅心怀顾忌，不敢直奔应天，却决定先拿下军事重镇洪都（今江西南昌）。他率大军将洪都层层包围，发起猛烈进攻。驻守在此的朱元璋的侄子朱文正分派诸将防守各门，拼死抵抗，陈友谅攻了一个多月，也没将城池攻破。洪都猝然被围，与外界的联络被切断。朱文正派人于夜间驾小渔船潜出水关，昼伏夜行，于六月赶到应天。朱元璋一时很难调集足够兵力，于是对来人说："回去告诉文正，再坚守一个月，我就会亲率大军赶到。"来人返回途中，被陈友谅抓获，陈友谅许以高官厚禄，让他招降洪都军民。他佯装同意，等被带到城下时，却高呼道："我已经到应天见过主公，主公让大家坚守，援兵很快就到！"话刚说完，就被陈友谅的军士刺死。

面对陈友谅的大肆兴兵，朱元璋匆忙在应天集结兵力。七月初，朱元璋亲率舟师20万，溯江西上。途中分派兵力，切断陈友谅回来路。这时，陈友谅围攻洪都已达85天，他听说朱元璋率援兵赶来，担心腹背受敌，于是解除了对洪都的包围，到鄱阳湖迎击朱元璋军。

"草昧英雄起，讴歌历数归。风尘三尺剑，社稷一戎衣。"历史上的一次大战役马上要爆发了，这首诗歌写的虽是唐代的事，但用在此却也是正好，鄱阳湖决战，血雨腥风，非常

惨烈。就这样双方遭遇在鄱阳湖，一场惊心动魄的大战拉开了帷幕。

朱元璋率军进入鄱阳湖后，告诫众将士，在双方交战的时候，要做到“两军相斗，勇者胜”，“诸将士要奋勇杀敌，只能前进，不能后退，消灭陈友谅就在今日”。七月二十日，两军水师首战在康郎山（今江西鄱阳湖内廉山）拉开序幕，从两军力量来看，陈友谅兵多、舰大，地处上游；朱元璋兵少、舰小，而且在下游，显然处于劣势，但是朱元璋懂得团结将士，士气旺盛，战斗力就会提高。于是，他把自己的战舰分为十一队，每队武器配备齐全，而且每舰又分几层次，遇到敌军大战舰时，先发火器，接着射弓箭，等到靠近之后，再短兵相斗。第二天，战斗进行得十分激烈，双方短兵相接，徐达身先士卒，率部击败敌前军，军威大振，士气倍增，湖面上，“喊杀声震天动地，箭如雨点，炮声如雷，刀光火光飞舞，江水似波涛，百里之内，杀得连湖水都红了”。

战斗就如此激烈地进行着，朱元璋这方的军队虽然有点失利，非常危难，但是朱元璋手下的战将十分勇猛。在同意一战将替换自己战袍的要求之后，朱元璋才获救，这一战他尽管是打赢了，但是打得非常艰苦。陈友谅损失将士 6 万多人，朱元璋也战死将士 7 000 多人，还损失了程国盛、宋贵、陈兆先、韩成等一批骁将。战斗进入第三天时，朱元璋还是亲自指挥，双方打得天昏地暗，朱元璋的几位英勇部将壮烈牺牲，大军不得不后退。郭兴建议加大火攻，因此，他即刻下令常遇春征调 7 条渔船装满芦苇、火药等易燃物，乘着黄昏起风的时候，将这些渔船点着，冲进陈军大寨。熊熊大火将陈友谅的几百艘战舰烧毁，这时烈火熏天，湖水尽赤，陈军死者超过一半。朱元璋将士乘势猛攻，斩敌 2 000 人，陈友

谅的弟弟陈友仁阵亡。他骁勇、善战、有智有谋，失去他，陈友谅等于失去了一条臂膀，心情十分沮丧。

陈友谅怎能甘心示弱，为了摆脱这战局，他利用自己人多势众、战舰大的优势，连连进攻，不给朱元璋喘息之机。仗越来越难打，战斗进入白热化，这时，朱升向朱元璋建议："陈友谅这次倾国兵而来，人多但粮少，不可能持久作战，我军应结营于南湖嘴，来断绝敌人的进出之路。等待他粮尽人马疲惫，进退两难的时候，我军再前后夹击，必克敌制胜。"朱元璋认为他的建议是对的，于是，令常遇春、廖永忠统舟师截住鄱阳湖口，而他移师左蠡（今江西都昌西北），然后移师湖口。

在与陈友谅激战的日日夜夜中，朱元璋亲自指挥战斗，几次身边的卫士全部死光，他还是不离其位，激励着将士奋勇向前，一直是同将士们战斗在最前沿，使部队一直保持着激昂旺盛的斗志。战争后期，他下令将汉军俘虏都释放回家。他的做法深得军心、民心，与陈友谅形成鲜明的对比，这也是他能够打胜这次战役的一个至为关键的因素。

世人常说："良药苦口利于病，忠言逆耳利于行。"综观历代功成名就之士，没有不鼓励下属讲真话，讲直言的。如果一个人听到忠言而感到逆耳，最终是会招致失败的。陈友谅就是一个独断专行的人，听不得别人半句话，因此他在战争中屡战屡败，损兵折将。这次，他改变了往日独断专行的作风，召集部将，征求他们的意见，并采用了右吾将军的建议，决定焚舟登陆。曾经建议过的左吾将军怕陈友谅问罪，率部投降了朱元璋。右吾将军见此，觉得陈友谅大势已去，也率部投降了。朱元璋抓住这个机会夺取了蕲州、兴国，之后坐镇湖口，决定与陈友谅做最后的决战。

机不可失，时不再来。机会一旦错过，就不会再拥有，这都是历史血的教训。陈友谅尽管兵强马壮，但是没有协调好内部矛盾，没有得到军心、民心，现在他已只是一种回光返照的挣扎。

战斗才进行了三日，朱元璋挥师发动猛打强攻。陈友谅实施了巨舰连锁布阵，朱元璋的船小，不能继续进攻，伤亡惨重。朱元璋一时也没有了办法，情急之下，部将郭兴提议用火攻，又一场犹如火烧赤壁的战争开始了。天也助人，陈友谅的许多船只被点燃了，火借风势，风助火势，一下子火焰冲天，湖水尽赤，士兵死者大半，就连陈友谅的两个弟弟也被烧死。接下来的两日，又进行了多次激战，双方互有胜负，但是陈友谅方面损失非常大。陈友谅见势不好，于是想退守鞋山（今大孤山），但朱元璋早已派人封锁了出口，陈友谅冲不出去，只得敛舟固守。因为当地水浅，不利战斗，朱元璋接受部将意见，将舟师移到左蠡（今江西都昌西北），以控扼江水上游，陈友谅也移师渚矶（今江西星子南）。由于接连失利，激化了内部矛盾，陈友谅部将多有率部投降者。朱元璋还致信陈友谅，大肆讽刺挖苦，想激他出来决战。陈友谅非常愤怒，下令将俘虏全部杀掉。朱元璋闻讯，就下令将俘虏全部释放，伤者给药物治疗，并下令今后所获俘虏一律不杀。这种做法大得人心。

自古及今，每次发动战争能不能获胜都在于为将帅者会不会用部下的计谋，做到同仇敌忾，占尽天时地利人和，而且还知己知彼。只有这样才能战无不胜，甚至不战就能屈人之兵。当时，陈友谅被困在鄱阳湖，进退两难，他已粮草快尽，到了走投无路的地步。朱元璋也是“宜将剩勇追穷寇，不可沽名学霸王”。但陈友谅躲在鄱阳湖里一直不敢出来，朱

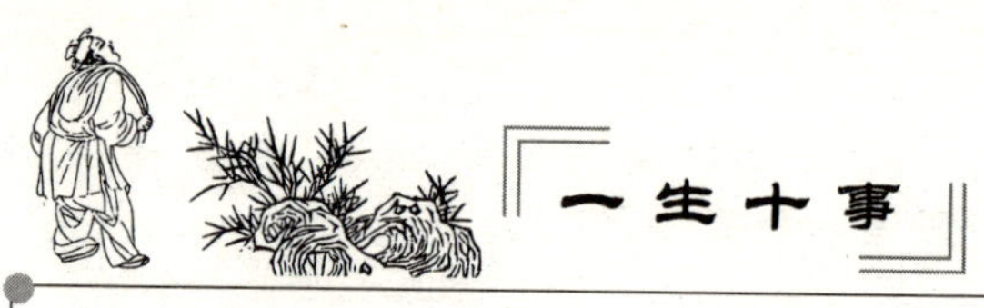

元璋派兵把住水口，在长江两岸树立木栅，严阵以待。陈友谅的粮食越来越少，派船出外抢粮，但是哪里冲得出去，船也都被烧毁了。陈友谅没有办法，不想在湖中饿死，于八月二十六日冒死突围。行至湖口，朱元璋下令用火筏猛攻，陈友谅急忙率兵奔逃，到达泾江口的时候，又遭朱元璋伏兵袭击。朱元璋不顾安危，亲自在前线指挥战斗，鼓舞士气。陈友谅从船窗中向外张望，被郭英发现，一箭射个正着。一代枭雄，就这样丧命。陈友谅一死，将士们也就没有心思战斗了。

陈友谅的死，也意味着朱元璋在鄱阳湖大战中赢得决定性胜利。这时汉军大乱，纷纷解甲投降。张定边等用小船载着陈友谅的尸首以及他的儿子陈理，连夜逃回武昌，不久立陈理为帝。鄱阳湖之战后，朱元璋回到应天，诸将在总结战胜陈友谅的原因时请教朱元璋，朱元璋回答说："你们没有听说过古人所讲的'天时不如地利，地利不如人和'的道理吗？陈友谅尽管兵多势强，但是人心各一，上下猜忌，内部不团结，而且连年用兵，又总是打败仗，不能积蓄力量，又抓不住战机，一会儿打东，一会儿打西，劳而没有功，军心涣散。要明白，用兵要得时，得时则威，威则胜。我军得时，将士一心，以一当百，如鸷鸟搏击，巢卵全覆，得了人和，所以我能取胜。"朱元璋总结出的获胜原因有两条：一是上下团结一心，也就是人和；二是能抓住战机，也就是兵贵神速。以黑见长的曹操一生中都没有称帝，这对朱元璋也很有影响。以他现在的实力，称帝是没有问题的，但作为一名有战略远见的人来说，他知道自己只是万里长征走完了第一步，推翻元朝的统治，还需要长期艰苦的努力，称帝还太早。但现在所控地区比过去扩大了几倍，吴国公的称号与当前的政治局

面不相适应，于是改称吴王。

这时朱元璋拥兵数十万，已经成为江南地方实力最强盛的集团；当时张士诚，已经称吴王，史称他为东吴，朱元璋为西吴。

从朱元璋铲除陈友谅的这件事，完全可以看出，一名政治家的修养是非常重要的。朱元璋很宽容，喜欢听取手下人的意见，但是陈友谅却正好相反。陈的失败，是专断独裁害的。“海纳百川，有容乃大”，宽容别人会展示你为人的博大胸怀和行事的恢宏气度。

再出色的人都会有出错的时候，容忍别人的错误，海阔天空，别有洞天；人才必有其优点，容忍他的缺点，发挥他的优势，你会得到他的真诚和信任；金无足赤，人无完人，容忍别人的缺点，你会得到他的感激与报答；容忍敌方的人才，诚心待他，你会赢得尊敬和人心。

但是，容忍也是有限度的，容忍不是纵容，没有原则的宽容只会导致鄙夷和失败。

[成功秘要]

朱元璋就是这样容才，所以部下才会敢于献计出谋。他就是有这样的韬略。他爱才，因此会容才，最终能用好才。人才的最大价值就在于被用，所以用才是否得当就成为事业成败的重要一步。朱元璋之所以取胜就在于他的识才、容才、会用才。

胆量有时可以决定胜负。在朱元璋与各路英雄逐鹿天下过程中，让人无法忘怀的就是那触目惊心的鄱阳湖大战，其成功的关键就是有胆识、有谋略。

要不断用新知识补充自己

东吴名将吕蒙，年轻时家境贫困，无条件读书。但是他作战英勇，多次立战功。孙权即位后，就提升吕蒙做平北都尉。

建安十三年（208），孙权派吕蒙为先锋，要他带兵攻打黄祖，好报杀父之仇。吕蒙没让孙权失望，他斩了黄祖，胜利回师，被提升为横野中郎将。

但是吕蒙有个缺点，他从小没有机会读书，识字很少。带兵镇守一方，每向孙权报告军情时，只能口传，不会书写，十分不方便。一天，孙权对吕蒙和蒋钦说："你们从十五六岁开始，年年都打仗，没有时间读书，现在做了将军，应该多读些书呀。"吕蒙说："忙啊！"孙权说："再忙，有我忙吗？我没有要你做个寻章摘句的老学究，只要你粗略地多看看书，多了解一些以前的事情。"接着给他列出详细的书单，有《孙子兵法》、《六韬》、《左传》、《国语》、《史记》、《汉书》等。

在孙权的启发和鼓励下，吕蒙开始发奋读书，后来竟达到了博览群书的地步。

鲁肃做都督的时候，还是以老眼光来看待吕蒙，认为吕蒙只是一个文化水平很低的武将。有一次，鲁肃路过吕蒙的驻防地区，和吕蒙谈话。吕蒙问鲁肃："您肩负重任，对于相邻的守将关羽，您做了哪些防止突然袭击的部署？"鲁肃说："这个，我还没考虑过！"吕蒙就向鲁肃陈述了吴蜀的形势，提了五点建议。鲁肃听了十分佩服，赞扬吕蒙见识非凡，认为吕蒙已经是一个文武双全的人才。鲁肃走到吕蒙跟前，拍拍吕蒙的

后背说："真是聪明一世，糊涂一时，吕兄进展这么快，我还蒙在鼓里，先前总以为你只有勇武，不料，听君一番话，茅塞顿开，原来吕兄也是满腹经纶之人，可笑愚弟走了眼。"

吕蒙一笑说："士别三日，应当另眼相看，况且你我之别，不止三日，怎么知我有多大变化，今日一叙，老弟你可不能再用老眼光来看我了。"

此后，鲁肃与吕蒙成了好朋友。不久他又接替鲁肃统率东吴的军队，成为一代名将。

吕蒙转型很快，从一介武夫，脱胎换骨为见多识广的将才，原因就是读书，不断地充电。

有人会叹气说，以前在学校的时候也非常喜欢读书，但是参加工作后就没有时间了。这是不对的。平时再忙，也要读一些好书，比如与自己工作密切相关的书，对为人处事、修养有益的书，开阔自己眼界的书，等等。除此之外，一些与工作有关的课程和培训也要多注意，假如有，就抓紧机会向上司申请，哪怕自费也值。

古代有这样一个寓言故事：

两个和尚分别住在相邻两座山上的庙里，这两座山之间有一条河，两个和尚每天都会在同一时间下山去河边挑水，时间长了便成了朋友。

不知不觉五年过去了，突然有一天左边这座山的和尚没有下山挑水，右边那座山的和尚觉得："他大概睡过头了。"所以没太在意。但是第二天，左边这座山的和尚仍然没有下山挑水。一个星期过去了，右边那座山的和尚认为："我的朋友可能生病了，我要过去看望他，看看能不能帮上什么忙。"等他看到老友之后，大吃一惊，因为他的老友正在庙前打太极拳，根本不像一个星期没喝水的样子。他惊讶地问："你已

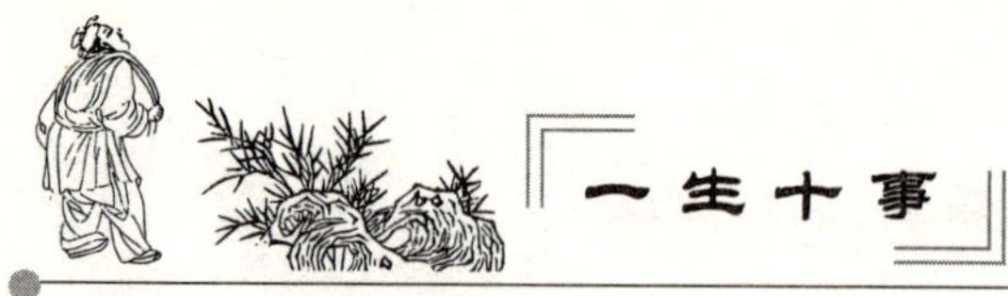

经一个星期没下山挑水了，难道你可以不用喝水了吗?”朋友带他走到庙的后院，指着一口井说：“这五年来，我每天做完功课后都会抽空挖这口井，就算再忙，能挖多少算多少。现在，终于让我挖出了水，我就不用再下山挑水去了，而且有更多的时间练我喜欢的太极拳了。”

[成功秘要]

在工作中，即使你的薪水、股票拿得再多，那也只是挑水。记得把握下班后的时间不断充实自己，挖一口属于自己的井，培养自己某一方面的实力。昨天的努力就是今天的收获，今天的努力就是未来的希望。岁月不饶人，当年龄大了，挑不动水时，你就不会缺水喝。

善于运用逆向思维，敢于打破常规

故事发生在宋朝沧州。有一年沧州天降暴雨，把南边一座濒河的古庙冲塌了，庙前的两只石兽也随着水流滚进了河底。过了许多年，庙里的和尚们四处云游，化缘筹款，准备重造庙宇。

几经筹建，庙终于落成了，可庙门的石兽一时却请不到高明的石匠打制。和尚们便请人下河打捞那两只落水的石兽。船工们打捞了几天，什么收获也没有。有人猜测说：“这两只石兽一定被河水冲到下游去了。”

接着，几个年轻力壮的小伙子，又去下游打捞了十几天，然而，十几天的努力，又是一无所获。大家越来越灰心了，但是又觉得奇怪：这么沉重的石兽，明明掉进河底了，是不

会捞不着的，难道它飞出水面了不成？正当人们对打捞石兽一筹莫展的时候，当地一位德高望重的学者，来指点迷津了：“你们真是四肢发达、头脑简单！这么重大的石兽，怎么会冲到下游去呢？石头坚硬沉重，而河底的沙土松浮不实，石兽沉陷河沙里，一定越陷越深，埋在河底深层了！”

众人听完，豁然开窍，之后又划船到庙旧址附近的河里去捞。还有人在长竹竿上绑住铁器，伸到河底去寻探。大家昼夜奋战，差不多忙了半个多月，但是还是徒劳！

这时，有个过路的老船工，听了事情的原委后笑着说道：“你们老是按常理去想事，为什么不全面考虑一下河底沙土的运动规律呢？河底的石兽既不会顺流而下，也不会沉在原处不动。现在，这两只石兽正在河上游的某个地方睡大觉哩！听我讲完道理，你们立刻便明白了。因为石头坚实沉重，河沙松浮不实，石兽沉到河底，激流冲不动它。可激流的不断冲击，只能把石兽下面的泥沙渐渐掏空。激流越冲空穴越大，渐渐地当洞大到石兽失去重心时，就会跟翻筋斗似的倒在空穴里。在时间的长河里，石兽这样周而复始地运动着，便会渐渐地爬到上游去了。如果不相信，你们去上游找找看？”众人按照老船工的指点，划船到几里外的上游去打捞，结果真一举捞出了那两只大石兽！

这就启示我们要善于运用逆向思维，不可以一成不变地去看待一个问题。用发展的眼光来看问题，这样才会有进步。

[成功秘要]

落入水中之物，大多会顺流而下，但是也不尽然。假如一味如此当然会被观念所束缚，就免不了会做出一些劳而无获之事。如果我们在遇到一些问题的时候突破常规逆向思维

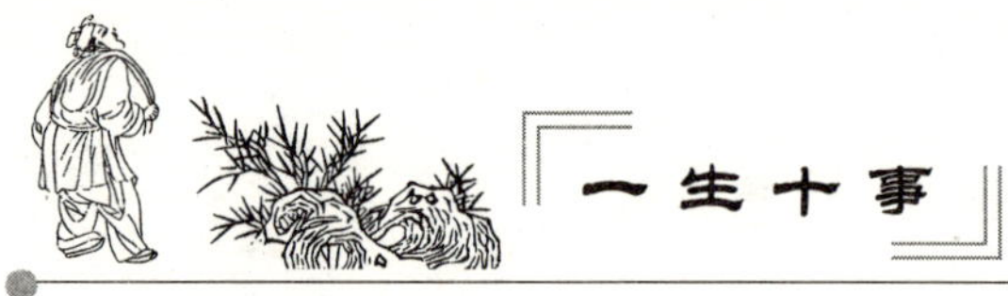

去解决，或许你会有新的收获。用发展的眼光对待问题永远都不会过时。

打破陈规，处事圆融

清朝时，江宁县有一陈家的女，许配给了李家的子。陈父嫁女索要彩礼，但是李家贫寒拿不出这重礼，导致这对青年男女迟迟不能完婚。当地一淫秽和尚知道以后，设计奸污了陈女。这秃驴很有钱，收买了一班流氓地痞、衙吏乡绅做帮凶，陈女在威逼利诱之下，做了这和尚的情妇。乡中一些无赖知道后，找借口去勒索。一天晚上，这帮无赖夜潜陈家院外，结果他们当场抓获了和尚与陈家女，并将他二人押赴县衙。当时的县太爷是袁子才，他问明原因后，将奸夫淫妇分别拘押，又进行了单独审问。陈女向袁子才哭诉了自己被逼通奸的经过。最后，又诉说了她对未婚夫的眷恋之情。袁子才据情分析，假如判此案为通奸，又认为冤了陈女，判和尚强奸又说不过去，他们已经同居了一个月。既然陈女还眷恋着未婚夫，就成全她的情缘吧。因此，袁子才把和尚秘密提到县衙，训斥一顿后令他写了一张200两银子的借据。随后脱下他的和尚服，让他滚蛋了。袁子才叫来家里一位女仆，吩咐她几句话后，让她穿上和尚服，走进了拘留所。

第二天一早，袁子才升堂，审问陈女时她只是低头哭泣，审问奸夫回答与陈女同居一个多月。袁子才怒道："可恶秃奴！出家人竟霸占民女，真是有辱佛门净地！来呀，重打40板！"衙役们不容分说，当堂脱下奸夫的裤子，一个个看傻了眼：原来这奸夫是女的！有衙役禀道："大老爷，这个人是尼

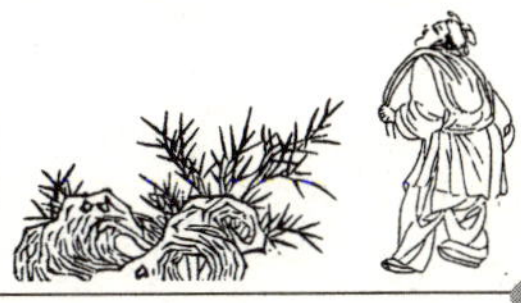

姑，不是和尚！”

袁子才忍住笑，假戏真演，也吃惊得半天无语。然后指着那帮捉奸的无赖们，喝斥道：“你们竟敢捉个女奸夫戏弄本官！真是活烦了，来人呀！把这帮人给我乱棒打出。”那帮无赖还未回过神，就遭到了棍棒的袭击。他们已经顾不得再说什么，便抱头鼠窜了。

袁子才令人将李家之子找来谈话，试探他对陈女的感情，李某也闻知了“尼姑”之事，也就原谅了未婚妻。袁子才问：“如果有人帮你出彩礼，你愿意和陈女结婚吗?”李某说：“会的。不过帮助我的人钱要来得正当。”袁子才一指案面：“好！听此言，知你是个有志气的正义青年!”他又和言道：“我愿意帮你，这笔钱是给你完婚用的。它不是不义之财，也不是我掏腰包。总而言之，它光明正大，你不会认为本官居心叵测吧?”

“多谢大老爷恩赐，您为官清廉尽人皆知。”李某诚恳地给袁子才叩了一个头。袁子才说：“你明天在家静候，自然有人送钱来。你收下，不要问钱的来路，也不要对人提及。”

次日，李某收到了200两银子，他即刻向陈家送了彩礼，这对有情人，在袁子才的巧计撮合下，终于成了眷属。

事情就这样解决了，袁子才不仅保住了这位姑娘的名声，而且还为这对苦命鸳鸯解决了婚嫁，假如袁子才按照条规来办，那么案子的结局就是一场悲剧，毁掉的是几个人的幸福。

[成功秘要]

做事情，要不拘一格，大胆创新，不断突破各式各样的陈规束缚，按照事情的发展、所处的环境来提出新办法，只有这样，处理事情才能得心应手。

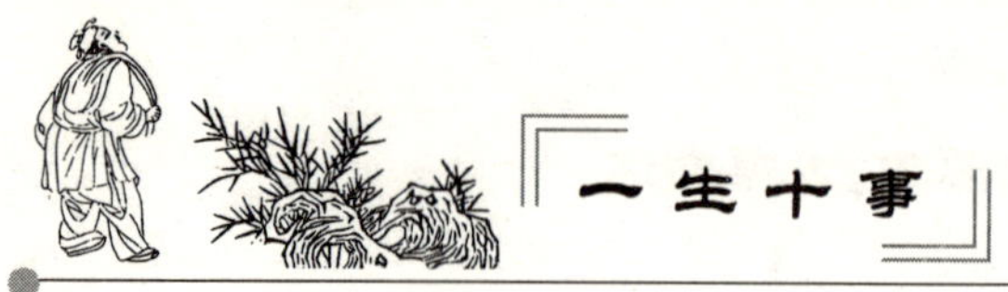

洞察世事，以防敌手巧施美人计

一位清代官学大师说：“何以致官？只有色是用。色非自用，用以致官。”用白话翻译过来就是：如何能进入官场？用女色去开道。色相是一把永不生锈的肉剑，所有官场的复杂关系都会在这把利剑之下迎刃而解。春秋战国时期的李园就是利用亲妹妹的色相从一个门客变成相的。

楚国的国君考烈没有儿子，国君自然十分着急，大臣黄歇（即春申君）比考烈王还着急。如果国王没有儿子，将来一命归西，权力一定会落在考烈王兄弟的手上，那时，不仅自己的富贵不能保住，而且国家也可能大乱。春申君到处去找能够生育男孩的漂亮女人，可是这些美丽绝色的女子一个也没有怀上龙种。

春申君泄气了，终日哀声叹气。

这件事被春申君的一个门客知道了。这个人叫李园，是一个工于心计，城府非常深的人。一个大胆的想法在他的心中酝酿。

李园有一个亲妹妹名叫李嫣，长得非常性感，又有倾城倾国之色。他决心用妹妹的美貌实现权力的欲望。他首先想到的是把妹妹送给考烈王做妃子。但他很快改变了这个想法。做妃子当然可以使他捞到一官半职，但是这不是长远利益，所以他请人暗中给楚王相过面，楚王是绝后之人，经过思考，他决定先把妹妹献给春申君，春申君是一个性欲非常强的男人，而且总是生儿子。等到春申君在李嫣的肚子里种下果实，再想办法将怀有胎儿的李嫣转送给楚国国君考烈。

这是一招迂回制胜，移花接木的妙计。李园尽管是个门

客，但是由于他善于使计，早就引起了春申君的注意。李园先向春申君请10天的假回家，但是故意延误20天才回来。春申君问他原因时，李园说道："回家后正遇上齐王派使者向我妹妹求亲，为了应酬，多耽误了一些时间。"

春申君也是一个色鬼，想着齐王都想要的女人，一定是一个好货。接着便问道："你同意了？"

李园说："楚国同齐国有仇，我怎能同意？"春申君说："可不可以将你妹妹带到楚国来让我开开眼界？"

李园见鱼儿上钩，便说道："既然大人想见，那有什么不可以呢？"

李嫣来到春申君府上，春申君一见果是绝代佳人，便迫不及待地当天晚上就与李嫣共寝，并立为姬妾。

没过多久李嫣有了身孕。李园得知后，于是开始下一步行动计划。他对李嫣说："你觉得做相国的小妾好，还是做楚国的王后好？"

李嫣惊讶地看着她的这位哥哥说："王后是第一夫人，母仪天下，但是那是一种幻想，妹妹今生是不可能了。"

李园说："只要妹妹按我说的办，你的幻想很快会变成现实。"于是李园把自己的计划讲给了李嫣听。

李嫣按他说的做了。

春申君每晚必与李嫣亲热。这一次，李嫣使出了浑身的撒娇手段，让春申君心花怒放，神魂颠倒。春申君在进入高潮时，美人儿却冷冷地说："你还这么兴趣十足，大祸临头了还不知道？"

一盆冷水浇灭了春申君欲火。他问李嫣道："你有何根据？"

李嫣说："你做了楚国的相国二十多年，为公为私都得罪

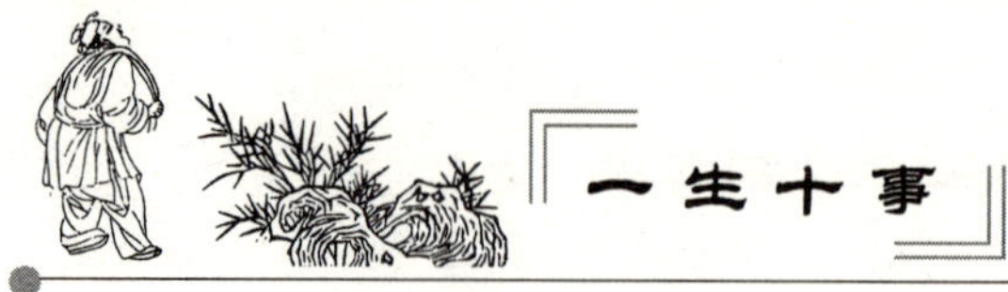

很多人。现在楚王信任你，你的仇敌固然不敢把你怎么样。但是楚王没有儿子，万一有一天他驾崩了，你还会这样尊贵吗？担心只是五马分尸吧？”

“我早就这样想过了，但是国王不争气，那么多女人围着他，他就是生不出一个儿子来，我能有什么办法呢？”春申君说。

李嫣又撒娇，扑进春申君的怀中娇嗔地说：“妾倒是有个办法，担心夫君不同意。”

“这是人命关天的大事，怎么会不同意？你快说吧。”春申君很着急了。

李嫣说：“我来到夫君的府上时间不长，除了我哥哥李园外，外人不知道先生宠幸我。现在我已经怀上了您的儿子。假如您把我献给国王，国王肯定会宠爱我，将来我生下儿子，表面上是国王的龙种，实际上是您的儿子。您的儿子当了国王，整个楚国都是您的天下，谁又敢把您怎么样？”

“那不行，我怎么用美人儿去换取平安，让别人给我戴绿帽子呢？”春申君说。

李嫣说：“都说男人有远大志向，夫君却没有长远考虑。人无远虑，必有近忧。假如您现在舍不得我，将来我生下孩子来，也避免不了要死，不如我现在死更好，以免被人千刀万剐。”说着便寻死觅活。

春申君思虑半天，觉得这美人的计谋不失为一条上策，于是就同意了，还夸李嫣是个勇于牺牲的伟大女子。

李嫣破涕为笑，扑入春申君的怀中娇滴滴地说：“我也舍不下夫君，但是我是为您的这个家族着想。再说，是您给君王戴绿帽子，这种美差，别人想都不敢想。”

次日，春申君把李嫣藏在一个防卫森严的小屋里，接着进宫对楚王说，他历尽千辛万苦终于在赵国找到了一个如花

似玉，体态性感的女子，而且相面先生说这个女子是生男相。楚王听说，马上下令带进宫来。

楚王也是一个老色鬼，一见艳若桃花的李嫣，便拥入怀中，九个月后，李嫣果然生下一对胖小子。楚王一下得了两个龙儿，非常高兴，于是册立李嫣为王后，封李园为国舅，参朝中大事。

李园的计划成功了，但是国舅并不是他的目标，他的欲望是夺取朝政大权。

但是，他不露声色，平时唯相国春申君之是非为是非，一点也没有国舅的架子，但是暗中却豢养了一批亡命之徒，随时准备反扑。

春申君白天忙于国事，晚上又温习鸳鸯春梦，一点都没有注意到大难临头，还日夜想着当楚国的太上皇。

楚王在李嫣身上耗尽了心血，不久一病不起，眼看着要西赴黄泉。春申君知道后，非常高兴，到处张罗让自己的儿子继承王位。

不料螳螂捕蝉，黄雀在后。

楚王死了。李园派人通知春申君，要他入朝扶助幼主。春申君乐不可支地进宫，但是宫门外埋伏有李园的打手，将他乱刀砍死。李园还是不善罢甘休，让幼主发布诏令：春申君蓄谋造反，诛灭九族。

除掉了强大的敌对势力，李园左手抱外甥，右手牵妹妹，美美地做起一代相国来了。

[成功秘要]

常言说得好：“酒不醉人人自醉，色不迷人人自迷。”自古以来，很多英雄豪杰征战沙场，血战千军万马也宁死不屈，

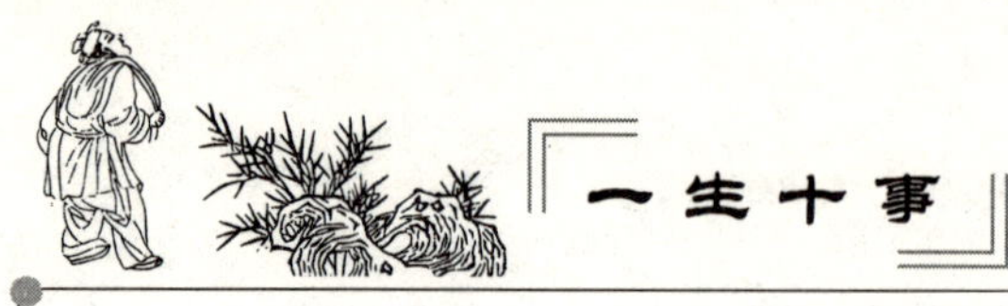

可是一旦到了女人的石榴裙前就丢盔弃甲，落荒而逃；很多仁人君子有节气而不贪财，视金银财宝如粪土，但是，一投进女人的怀抱却土崩瓦解，言听计从。

春申君作为战国四君子之一，他的才华与智慧在当时的年代也是超一流的，只可惜，遇上美女就乱了分寸，被小人利用，结果死于小人之手。借古可鉴今。要想成为真英雄，就必须闯过美人关，而不能让敌人假美人之手掠己之地，攻己之城。

释：

大事不错，小过释怀

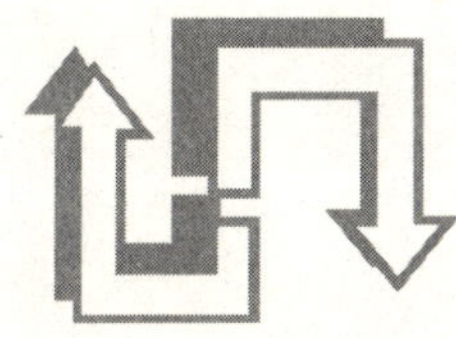

善于处世的人，总能把一切不利因素转化成有利因素，并为自己所用。在涉及原则的问题上，坚持自己的操守，决不退让；但在一些不影响大局的小事上，总能表现出宽容的姿态，这样的人就容易得到他人的敬重，并乐于与之一起共处，一起干一番轰轰烈烈的事业。

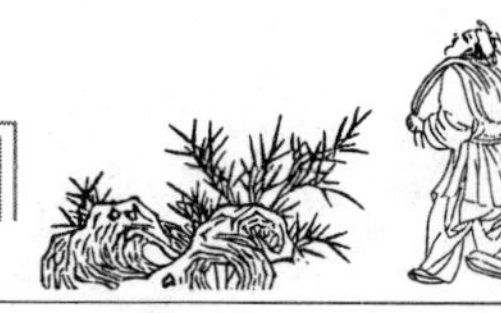

大智若愚

“大智若愚，难得糊涂”，是人们高明的处世之道。在与人相处中，只要你懂得装傻，你就并非傻瓜，而是大智若愚。做人切忌恃才自傲，不知饶人。锋芒太露易遭嫉恨，更容易树敌。在与人交往时，就要适时“装傻”，不露自己的高明。人际交往，装傻可以为人遮羞，自找台阶；可以故作不知达成默契；可以假痴不癫迷惑对手。你必须有好演技，才能获得可爱，“疯”得恰到好处。谁不识其真相谁就会被愚弄；谁不能领会大智若愚之神韵，谁就是真正的傻瓜、笨蛋。

“大智若愚，难得糊涂”，“糊涂”之所以“难得”，是因为不糊涂的人，非得糊涂不可。郑板桥中进士后，曾任山东潍县知县。他为人磊落正直，不容邪恶，廉洁奉公，关心民众，这就与当时污浊腐败的官场之风格格不入。郑板桥就有太多的痛苦，太多的烦恼，太多的愤懑。郑板桥又是个艺术家，擅长书画兼工诗。论诗提倡“真气”、“真意”、“真趣”，就这一个“真”字，便使他忍受不了现实中的浊气、腐气和邪气。尽管他的诗作对现实多有揭露，但以他一个七品小官的力量，用几首诗几篇文章，是改变不了世间风气的。面对世间许许多多光怪陆离的社会现象，郑板桥无力改变，只得无奈接受；只好想办法让清醒的自己糊涂一些，免得遭受更大的精神痛苦。然而，郑板桥又偏偏是个极聪明的人，对什么事都看得清清楚楚。他无法糊涂。求糊涂，反而“难得糊涂”，可见这四个字包含着多少感慨、多少叹息、多少沉重、多少忧伤，又有多少不满、多少牢骚在其中！

"难得糊涂"是一种智慧，也寄寓了许多哀痛与沉重。"糊涂"之所以"难得"，还在于它是一种超脱。这里的"糊涂"已不再是词语意义上的糊涂了。它是超越了无奈、痛苦、世俗、功利之后，所达到的一种虚静、淡泊的心里状态。它是一种难得的朴拙和真纯，也是道家"返璞归真"思想的体现。从这个意义上说，"糊涂"就是"拙"，"难得糊涂"就是一种超凡脱俗的超越境界。

因此，"难得糊涂"的智慧，它实际上包含着一种韬光养晦的战略。充分运用"清楚之糊涂"的技巧，会有很多意想不到的收获，也不失为保全自己的一种手段。

在处世当中，如果你处处表现锋芒，时时显示比别人聪明伶俐，如此一来，只会招忌及受害。锋芒太露，常使人身败名裂，家破人亡。太露锋芒者，会像桌上突起的钉子，容易让人用锤子给敲下来。在三国时期，刘备死后，诸葛亮好像没有大的作为了，不像刘备在世时那样运筹帷幄，满腹经纶，锋芒毕露。在刘备这样的明君手下，诸葛亮是不用担心受猜忌的，而刘备也离不开他，因此，他可以尽力发挥自己的才华，辅助刘备，打下江山，三分天下而有其一。刘备死后，阿斗即位。刘备曾当着群臣的面说："如果这小子可以辅助，就好好扶助他；如果他不是当君主的材料，你就自立为君算了。"诸葛亮顿时冒了虚汗，手足无措，哭着跪拜于地说："臣怎么能不竭尽全力，尽忠贞之节，一直到死而不松懈呢?"说完，叩头至流血。刘备再仁义，也不至于把国家让给诸葛亮，他说让诸葛亮为君，怎么知道没有杀他的心思呢?因此，诸葛亮一方面行事谨慎，鞠躬尽瘁，一方面则常年征战在外，以防授人以把柄。而且他锋芒大有收敛，故意显示自己老而无用，以免祸及自身。这是韬晦之计，收敛锋芒是

诸葛亮的大聪明。

因此，从人类生存智慧的角度来看，智慧的人从来不会拒绝糊涂。装糊涂更具有与众不同的灵活作用。在漫长的人生中，我们不可能对任何事都睁大眼睛盯着，所以，人们对人生中关系重大的事，如事业、品德、个性、情感和为人的态度，都尽量采取尽可能清晰明了的态度；而对于工作、生活等难以一时判明是非、衡量得失的事情，还可以采取含蓄隐曲的态度加以应对。糊糊涂涂才是真。要知道，万里晴空是美的，有几丝云彩也是美的，既然都是美的，有时我们不妨糊涂一次。“难得糊涂”，也正是大智若愚的境界。因为，大智若愚是一种至高无上的人生境界，也是一种人生谋略。懂得“大智若愚，难得糊涂”的人，才是真正的大智者。

[成功秘要]

立身处世，学会“难得糊涂”，你的聪明和智慧才能得以体现。糊涂有真假之分，所谓小聪明大糊涂是真糊涂假智慧，而大聪明小糊涂乃假糊涂真智慧。所谓做人“难得糊涂”，正是大智慧隐藏于难得的糊涂之中。

知足常乐

知足者常乐，就是对现状的一种满足，对于个人来说，并不一定就是不思进取。“君子有所为，有所不为。”对于事业我们应该孜孜以求，而对于那些名利之事，我们大可不必去认真计较，还是随遇而安的好。

据《永乐大典》一书当中所记载，很早以前有一个叫孙

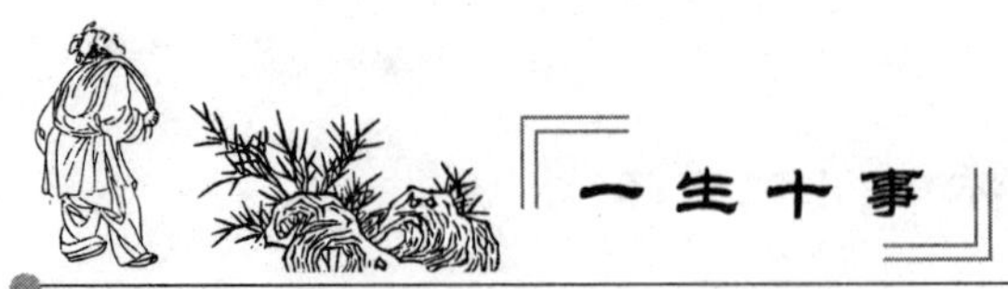

景初的太医，自称为四休居士，活得很潇洒，很自在，享年亦寿，人询其秘，答曰："粗茶淡饭饱即休，被破遮寒暖即休，三平二满过即休，不贪不妒老即休。"大意是只要有粗茶淡饭吃饱，有补好的旧衣服穿，父母与儿孙们平安，夫妻和睦，虽不贪求名利而能顺顺当当地活到老就非常不错了。并曰："少欲者，不伐之家也；知足者，极乐之国也。"

古人曾经写过很多"知足歌"、"警贪箴"一类的东西，劝诫人们要学会知足。比如苏轼说："人之所欲无穷，而物之可以足吾欲者有尽。"此话说得实在客观。如果我们对现实生活要求过高，产生"无穷"之欲，那么就太不切合眼前的实际了，就非常容易产生许多不必要的苦恼。至于古人所阐述的"乐不可极，极乐生哀；欲不可纵，纵欲成灾"的道理，更是包含着一些物极必反之类的辩证思想，这些都使我们明白了一个观点，就是如果过于追求物质方面的享受，就极有可能会走向事物的反面，从而产生鉴戒之感。

知足常乐是一种看待事物发展的心情，而不是安于现状的骄傲自满的追求态度。《大学》曰"止于至善"，是说人应该懂得如何努力而达到最理想的境地和懂得自己该处于什么位置是最好的。知足常乐，知前乐后，也是透析自我，定位自我，放松自我。只有这样才不至于好高骛远，迷失方向，碌碌无为，心有余而力不足，而弄得心力憔悴。

人生百年，不如意事常有八九。要想活得更加潇洒，就必须学会自己安慰自己，正所谓心底无私天地宽，凡事只要想开了，就不会有什么大不了的事来折磨你。要想心情好，就得学会自己欣赏自己。现在大家都比较关注自己的生活质量，然而，生活质量的好坏，并不全在于物质方面，更多的还在于自己的心情。一个人整天为了一点蝇头小利而苦恼，

即便拥有金山银山，生活质量也好不到哪里去。做人更多的应该是关注自己的内在素质，不要跟人家肚子里的油水比，而是要跟人家肚子里的墨水比。知识才是人世间最无价的财富。任何功名利禄都不能与知识相提并论。这里所说的并非是世人不应该去追求物质生活，而是不要被经济利益所困，让“孔方兄”挡住了自己的视野。

曾经有很多时候，我们根本就不知道什么叫做满足，这是因为强烈的欲望在驱使我们，是幻想在冲动着我们，是不切合实际的索取。人生在世，名利财物，都是身外之物，你就是时时刻刻永不停息、永无止境地去追求和索取它，也不会有满足的时候。相反，它还能够给你带来数不尽的坎坷与烦恼。在很多时候，我们之所以不能够感觉到幸福与快乐，其多半是由于我们自己的不知足而引起的。如果把不知足归结为人类后天的变异，就难免会有失公允。实际上，不知足是一种人类十分原始的心理需求，而知足则是一种理性思维后的达观与超脱。

知足使人感到平静、安详、达观、超脱；不知足使人骚动、搏击、进取、奋斗；知足智在知不可行而不行，不知足慧在可行而必行之。若知不行而勉为其难，势必劳而无功；若知可行而不行，这就是堕落和懈怠。这两者之间实际是一个“度”的问题。度就是分寸，是智慧，更是水平，只有在合适温度的条件下，树木才能够发芽，而不至于把钢材炼成生铁。

在知足与不知足两者之间，大多数的人都倾向于知足。因为它会使我们心地坦然。无所取，无所需，同时还不会有过于沉重的思想负荷。一个人在知足的心态下，一切都将会变得合理、正常且坦然，在这样的境遇之下，我们还会有什么不切合实际的欲望与要求呢？

学会知足，我们才能用一种超然的心态去面对眼前的一切，不以物喜，不以己悲，不做世间功利的奴隶，也不为凡尘中各种搅扰、牵累、烦恼所左右，使自己的人生不断得以升华；学会知足，我们才能在当今社会愈演愈烈的物欲和令人眼花缭乱、目迷神惑的世相百态面前神凝气静，能够做到坚守自己的精神家园，执著地追求自己的人生目标；学会知足，就能够使我们的生活多一些光亮，多一份感觉，不必为过去的得失而感到后悔，也不会为现在的失意而烦恼。从而摆脱虚荣，宠辱不惊，心境达到看山心静，看湖心宽，看树心朴，看星心明……

从心理学上来讲，知足常乐，不与周围的人比享受，不与周围的人比阔气，不与周围的人斗劲儿，自然就会避免掉许许多多无所谓的烦恼与争端，对于消除不良的精神刺激，增强人体心理上的自卫能力是益处多多的。那些长寿老人的一个共同特点就是随遇而安，心地宽广，性格开朗，脾气随合，遇事稳重，不为一时一利而计较，不为一两二厘而争得面红耳赤，因而心底无私天地宽。

在平时生活当中众多的人们，根本就不可能不想尽一切办法去改善自己的生活，提高自己的生活水准。但是，凡事要有一个限度，有一个范围。要在努力工作，刻苦学习的基础上劳动致富，而不是乱想歪门邪道，甚至铤而走险，否则，多半都是不能够进入富门而进入了牢门，或是积劳成疾，伤及元气。

知足是人生中极高的境界。知足的人总能够做到微笑地面对眼前平淡的生活，在知足者的眼里，世界上根本就没有趟不过去的河，没有跨不过去的坎，没有解决不了的问题，

他们会为自己寻找一条合适的台阶，而绝不会庸人自扰。知足的人，才能快乐而且轻松地生活，也才能在处世中受到欢迎。

[成功秘要]

知足是人生中的大度。大“肚”能容下天下纷繁的事情，在知足者的眼里，一切过分的纷争和索取都将会显得无比多余。在他们的天平上，没有比知足更容易求得心里平衡的了。知足常乐，只要战胜自我，少些固执，多些灵活；少些抱怨，多些真情，生活就会充满温馨的阳光。

大事要精明， 小事要糊涂

唐太宗时期，大臣张蕴古呈给太宗《大宝箴》，谈到“勿没没而暗，勿察察而明”。说的是处于上位者不但不能糊里糊涂，浑浑噩噩，什么都不明白，而且也不能过于苛察、精明，连臣下的细微小事也知道，只是要在两个极端之间采取中庸之道。当然，这个中庸，对于领导人来说，不是任何事情都折中处理，而是大事精明，小事不苛察。

唐朝时，武则天当上了皇帝，宠信的大臣只有狄仁杰。也许是为了表示亲近，武则天把一些只有她一个人知道的事情告诉了狄仁杰。她对狄仁杰说：“你在汝南当地方官时很有政绩，但是有人诬陷你，你想不想知道诬陷者的姓名?”狄仁杰先是感谢武则天皇帝对他的信任，接着说：“陛下不以臣为过，臣之幸也，不愿知谮者名。”武则天听了深为赞叹。知道过去是谁诬陷了他，对狄仁杰并没有一点点好处，而诬陷者

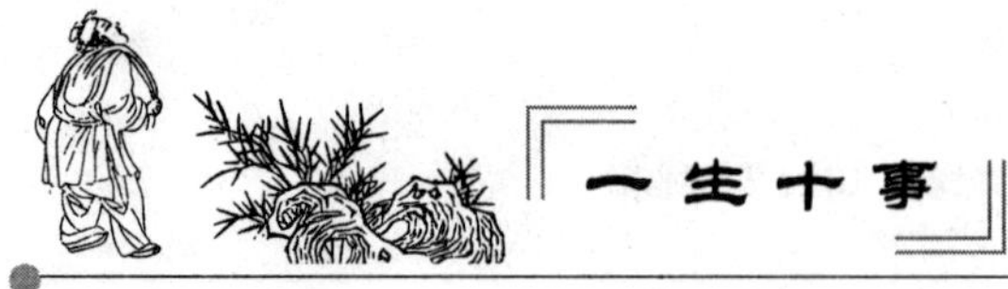

或许会担心狄仁杰挟嫌报复，多生出一些事来。因此，狄仁杰宁愿糊涂，不愿苛察。

曹操焚烧他的下属私通袁绍的书信的事，是很多人所知道的。公元 200 年，袁曹在官渡决战，袁绍被打得大败。曹操在收缴袁绍的往来书信中，得到许都官员以及自己军中将领写给袁绍的信。在他人看来，这正是一个查明内部立场不稳者的绝好机会。可是查出这点，对曹操的事业并没有好处，袁绍已经被击败，已经断了观望骑墙者的希望。而且，当时正是用人之际，又少不了这些人。既然要继续使用他们，查明谁在背后与袁绍通过信，只会令他们疑神疑鬼，增加内部的不稳定。因此，曹操在这个问题上装糊涂，他把收缴到的书信全部烧掉，说：“当绍之强，孤犹不能自保，况众人乎！”对私通者表示理解，一概予以原谅。

事实证明，不知道不需要知道的事情，会因此而得到下属的信任，而且其下属中摇摆不定的人很可能因受到信任而定下心来，一心一意为其事业服务。公元 410 年，东晋将领刘道规与反叛者卢循、桓谦作战。卢循、桓谦人多势众，进逼江陵。在这种形势下，江陵百姓都给桓谦写信，告诉他城内情况，打算在桓谦攻城时做内应。但结果刘道规率领的东晋军队击败了桓谦，他从桓谦那里搜缴到了这些信件，一封都没有看，就下令把信全部焚烧。江陵百姓从此内心十分安定。江汉地区的百姓很感激刘道规焚烧书信、不计前嫌的恩德，都没有二心了。

如果刘道规当时苛察，一定要知道谁私通桓谦，在那样一个战乱年代，恐怕他后来就不会得到江汉地区百姓的支持。刘道规的不苛察，得到了非常丰厚的回报。

苛察的最大弊端就是容易引起下属的怨恨。具体情况有：

下属会觉得上司对他不信任，因而心里不安，可能设法摆脱上司，要不就是跳槽。

下属会感到受到的干预过多，做事情没有自主权，因此越来越消极，采取不求有功，但求无过的态度，或者大搞形式主义，来对付他所负责的工作。

美国福特汽车公司前总裁S. 托伊说过："当你发现下属处事方针有所偏差时，控制干涉的冲动实在是件很难的事。"但是，领导者一定要克制自己的这种冲动。

[成功秘要]

人无完人，要允许别人犯错误。那些本可以精明但宁愿装糊涂的人，也正是他们的精明之处。那些以苛察小事为精明的人，正是不通人情世故，大事糊涂的人。

说话应把握分寸

说话应把握分寸，不能一吐为快，点到为止是智者的表现！

坦率真诚，快人快语，言无不尽，这是人的美好品德。但人心险恶，你的坦诚和言无不尽极可能被有心人利用，给你造成伤害，所以你不得不防。

戴高乐将军曾经说过，真正的领袖人物要幽居、伟大和超脱，要神秘，有时就需要沉默寡言。无巧不成书，在戴高乐之前的几百年前，我国明朝吕坤在《呻吟语》中曾经总结圣人的处世经验说：独处看不破，忽处看不破，劳倦时看不破，急遽仓促时看不破，惊扰感时看不破，重大独当时看不

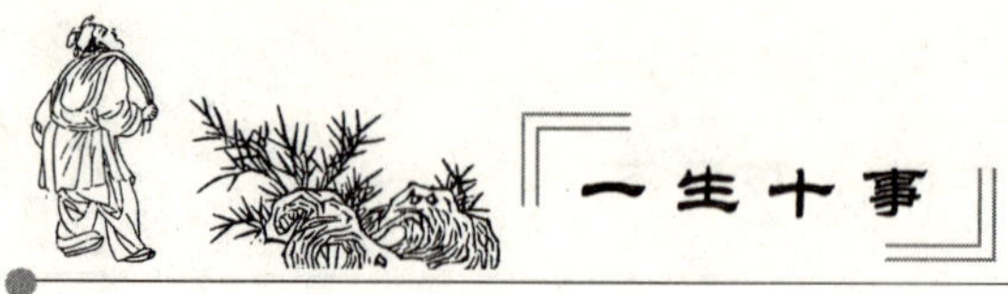

破，吾必以为圣人。

这里所提到的圣人，也只是一个有悬念的人而已。我们或许成不了圣人，但我们可以做一个有悬念的人。为此，首先我们必须在必要的时候学会免开尊口。

在交际中，不应该问对方“你是做哪一行的?”要留给别人一点自由空间，这样我们才能够不被看破，才能显示出我们的风范。俗话说“祸从口出”，是是非非的人情世故，大多演绎在说话当中。这个世界上，每个人都有弱点和缺点，但是这些弱点和缺点，一旦从他人嘴里出来，就成了短处和隐私。这是人际交往中的一个大忌。聪明者说话懂得点到为止，给他人更大的想象空间。

人们之间的关系是非常复杂的，局外人一般很难知道真相，即使知道一些皮毛，也不一定可靠，况且另外还要有许多隐衷非外人所知。因此，对于任何问题，我们都不能凭主观猜测乱说，更不能只由于片面的观察就在背后批评别人，这样只会给自己惹来麻烦，会被人认为是道德问题。

孔子曰：“不得其人而言，谓之失言。”在与他人交往时，倘若你与对方的交情不是很深，但你却畅所欲言，对方会有怎样的反应呢？你说的话是属于你自己的事，可是也要考虑对方愿不愿意听。双方彼此关系浅薄，你与之深谈，只会显出你没有修养，所以逢人只说三分话，不是不可说，而是不必说，不该说，这与事无不可对人言并没有冲突。事无不可对人言，意思是说，你所做的事，并不是必须尽情向别人宣布。说话有三种限制，一是人，二是时，三是地。非其人不必说；非其时，虽得其人，也不必说；得其人，得其时，而非其地，仍是不必说。非其人，你说三分真话，已经显得太多；得其人，而非时，你说三分话，正给他一个暗示，趁机

观察他的反应；得其人，得其时，而非其地，你说三分话，正好引起他的注意，如有必要，再择地作长谈，这可以说是世故通达，是有心机的表现。

古人有云：守口如瓶，防意如城。这句说就是告诉我们说话要谨慎。让人们缄口不言是做不到的，唯有小心谨慎而已。这是对自己的安全和品行的一种保护措施。

在日常生活中总有一些人唯恐天下不乱，每天都在兴风作浪，把人际间的是是非非编排得有声有色，夸大其词地逢人便说，不清楚由此种下了多少怨恨的种子。

倘若遇到这些人说其他人的短处时，我们唯一要做的就是听了就算，像别人告诉我们的秘密一样，三缄其口，不可做传声筒，并且也不深信片面之词，更不必记在心上。倘若在听到片面之言后贸然宣扬出去，十有八九被认为是颠倒是非，混淆黑白。说出的话如泼出去的水，收不回来。当明白自己说错话时，已经为时过晚了。

除了要懂得不应散布别人的是非外，还要学会对自己的秘密也应该少开口为妙。俗话说“逢人只说三分话，不可全抛一片心”，这是保护自己的一种方法。

任何人都有自己的秘密，倘若你凭一时冲动找人去倾诉。这样做的结果，很可能就是把秘密泄露出去，而自取其辱，自找倒霉。社会是复杂的，我们“抛出一片心”，说不定恰巧入了别人的陷阱。

[成功秘要]

处世高手说话圆滑而保守，不该说的则不说。这绝对不是不诚实的行为，也不是狡猾的行为，而是有智慧的表现。

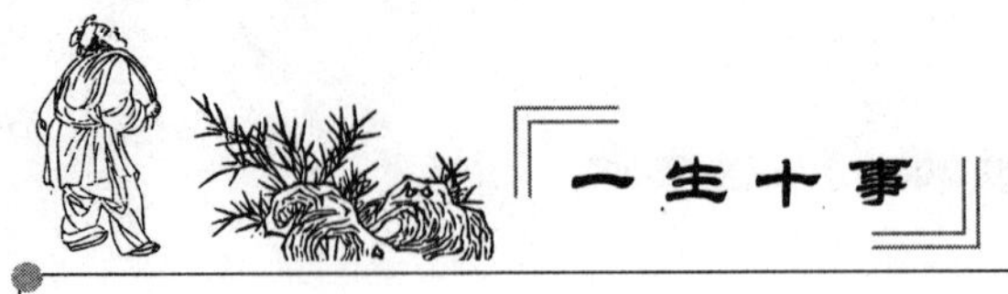

说话办事察言观色

察言观色是一切人情往来中的基本技术。不会察言观色，也就等于不知风向而去转动舵柄，不擅长察言观色就像少了几根弦儿，反应迟钝，摸不透人的心理，所以常常说“要多长几个心眼”。一个心眼应付不了周围的人和事，两个三个也不够用，说话做事的时候需要几个心眼同时灵活转动。

一个人的直觉虽然非常敏感但是也非常容易受人蒙蔽，懂得如何推理和判断才是察言观色所追求的顶级技艺。言辞能够透露出一个人的品格，表情眼神能让我们窥测出他人的内心，衣着、坐姿、手势也会在毫无知觉之中出卖它们的主人。

一个举人经过三科，又参加候选，得了一个山东某县县令的职位。第一次去拜见上司，想不出该说什么话。沉默了一会儿，忽然问道：“大人尊姓?”这位上司很吃惊，勉强说了自己的姓氏。县令低头想了很久，说：“大人的姓，百家姓中竟没有。”上司更加惊异，说：“我是旗人，贵县不知道吗?”县令又站起来说：“大人在哪一旗?”上司说：“正红旗。”县令说：“正黄旗最好，大人怎么不在正黄旗呢?”上司勃然大怒，问：“贵县是哪一省的人?”县令回答他说：“广西。”上司说：“广东最好，你为什么不在广东?”县令听过之后，大吃了一惊，这时才发现上司满脸怒气，赶快走了出去。第二天，上司令他回去，任学校教职。究其原因，便是自己不会察言观色。

人类利用语言交换信息、增进了解、建立共识和传承文

化，其是一个不可缺少的交流工具。话，人人会说，不过有些人说话大家听了欢喜，进而有所启发；有些人一开口就让人不忍再闻。所以，一个愿意沟通、热心真诚的人，人生价值观比较和谐、理性、积极，成功的机会也较一般人高。

宝钗是《红楼梦》这部巨著的一个主要人物，而她就是这样一个典型的代表，而且活得也非常有滋有味，讨好贾母和王夫人，打败了情敌林黛玉，最终坐上了贾府少奶奶的位置。王跃文《国画》中的朱怀镜精于官场法则，哄上级，骗老婆，戏弄商人，左右逢源，把灵魂包裹在利益和权力的后面，混得不错，但活得很累。

话多不如话少，话少不如话好。孔子曰："言未及之而言，谓之躁；言及之而不言，谓之隐；未见颜色而言，谓之瞽。"更是告诉我们在说话的时候除了要拿捏好外，也当察言观色。在该说话的时候，要说；不该说话之时，当三缄其口。

以前有个穷人患病，病情渐渐沉重，医生说他没有希望了。病人祷告众神，说如果能病好下床的话，一定设百牛祭，送礼还愿。他妻子正站在旁边，听他这么说，便问道："你从哪儿弄这笔钱来还愿呀？"他回答说："你以为神让我病好下床，是为了向我要这些东西吗？"这个故事是说，有些事情实际上不想做，但人们往往很容易就能够答应下来，人有时候心口不一。由此看来，察言是非常有学问的技巧。人内心的思想，有时会不知不觉在口头上流露出来，因此，与别人交谈时，只要我们留心，就可以从谈话中探知别人的内心世界。眼是人心灵的窗口，能够透过眼神辨别出人心。

古希腊神话里有这样一个说法，若被怪物三姐妹中的美杜莎看上一眼，立刻就会变成石头，说白了，这是将眼睛的威力神化了。

从医学上来看，眼睛在人的五种感觉器官中是最敏锐的，大概占感觉领域的70%以上，所以被称作是“五官之王”。孟子云：“存之人者，莫良于眸子，眸不能掩其恶。胸中正，则眸子降；胸中不正，则眸子眊。”从眼睛里流露出真心可以说也是理所当然的，“眼睛是心灵之窗”。从眼睛里能够看透人的心思，所以察言观色是非常重要的。

一个人的言谈能够告诉你他的地位、性格、品质乃至流露出的内心情绪，因此善听弦外之音就是察言的一个关键所在。如果说观色犹如察看天气一般，那么看一个人的脸色就应该像“看云识天气”般，有很深的学问，因为不是所有人所有时间和场合都能够喜怒形于色，有些人则与他人相反，是喜怒不形于色的。这就要根据平日对其了解，分析其言行的可信度。只有这样，才能体察到其内心真正所想。

[成功秘要]

学会了察言观色，学会了看人说话，知道怎样说话才能取悦他人，知道了怎样说话才对自己有利，这就是语言艺术。

快乐的人生才是成功的人生

淡泊恬静，安乐隐居。严子陵是我国古代著名的隐士，浙江会稽余姚人。他的本名叫严光，子陵是他的字。严光年轻时就是一位名士，才学和道德都非常受人推崇。当时，严光曾与后来的汉光武帝刘秀一道游学，二人是同窗好友。

后来，刘秀当了皇帝，成为中兴汉朝的光武帝。严光此时忽然改了名字，隐身不见了。待到朝政稍稍稳定之后，光

武帝于是记起了自己的这位老同学。由于找不到叫严光的人，只好让画家画了严光的像，然后派人按图索骥，拿着严光的画像四处去寻访。过了一段时间之后，齐国那个地方有人汇报说："发现了一个男人，和画像上的那个人非常像，天天披着一件羊皮衣服在一个湖边钓鱼。"

刘秀听了这个报告，怀疑这个钓鱼的人就是严光，接着就派了使者，驾着车，带着厚礼前去聘请。使者前后去了三次才把这人请来，结果此人果然就是严光。刘秀十分高兴，马上安排严光住下，而且派了专人侍候。

司徒侯霸同严光是老熟人了，听说严光来到朝中，于是派了自己的下属侯子道拿自己的亲笔信去请严光。侯子道见了严光，严光正在床上躺着。他也不起床，就伸手接过侯霸的信，坐在床上读了一遍。接着问侯子道："君房（侯霸的字叫君房）这人有点痴呆，现在坐了三公之位，是否还经常出点小岔子呀？"侯子道说："曹公现在位极人臣，身处一人之下万人之上，已经不痴了。"严光又问："他叫你来干什么呀？来之前都嘱咐你些什么话呀？"侯子道说："曹公听说您来了，十分高兴，非常想跟您聊聊天，可是公务太忙，抽不开身。因此想请您晚上亲自去见见他。"严光笑着说："你说他不痴，可是他教你的这番话还不是痴语吗？天子派人请我，千里迢迢，来回三次我才只好来。人主还不见呢，何况曹公还只是人臣，难道我就必须见吗？"

侯子道请他给自己的主人写封回信，严光说："我的手不能写字。"然后口说道："君房（侯霸字君房）足下：位至鼎足，甚善。怀仁辅义天下人都很高兴，阿谀顺旨要（腰）领绝。"侯子道嫌这回信过于简单了，希望严光再多说几句。严光说："这是买菜啊，还要添秤？说清意思就可以了。"

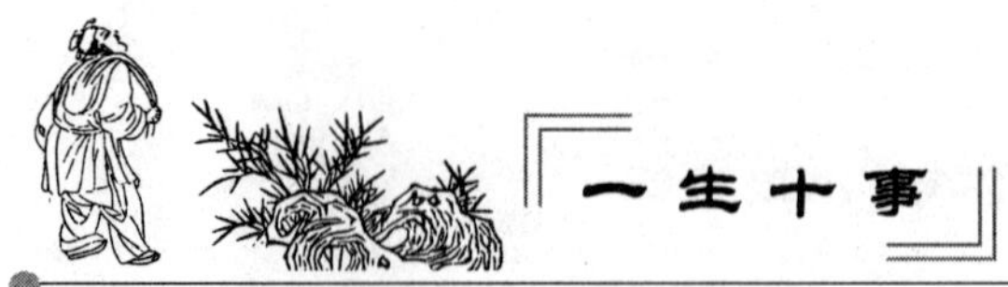

侯霸得到严光的回信十分生气，第二天一上朝便在刘秀面前告了一状。光武帝听了侯霸告状后只是哈哈大笑，说："这可真是狂奴故态呀！你不可以和这种书生一般见识，他这种人就是这么一副样子！"侯霸见皇上如此庇护严光，自己也就不好再说什么了。

刘秀劝过侯霸，于是立刻下令起驾到宾馆去见严光。

大白天的，严光还是卧床不起，也不出迎。光武帝明知严光作态，也不说破，只是走进他的卧室，把手伸进被窝，抚摸着严光的肚皮说："好你个严光啊，我费了如此大的劲把你请来，难道一点都不能得到你的帮助吗？"

严光还是装睡不回应。过了好一会儿，他才张开眼睛看着刘秀说："以前，帝尧要把自己的皇位让给许由，许由不同意；和巢父说到禅让，巢父赶快到河边洗耳朵。士各有志，你为何一定要使我为难呢？"光武帝连连叹气道："子陵啊，子陵！以咱俩之间的交情，我还不能使你折节、放下你的臭架子吗？"严光此时竟又翻身睡去了。刘秀无奈，于是只好摇着头登车而去了。

又过了几天，光武帝派人把严光请到宫里，两人推杯论盏，把酒话旧，说了几天知心话。

刘秀问严光："我和以前相比，有没有什么变化？"

严光说："我看你只是比以前胖了些。"

这天晚上，二人抵足而卧，睡在了一个被窝。严光睡着以后，把脚放在了刘秀的肚子上。第二天，主管天文的太史启奏道："昨夜有客星冲撞帝星，好像圣上十分危险。"刘秀听了大笑道："不妨事，不妨事，那是我的老朋友严子陵和我共卧而已。"

刘秀封严光为谏议大夫，想把严光留在朝中。但是严光

坚决不愿意接受那种做官的束缚，结果离开了身为皇帝的故友，躲到杭州郊外的富春江隐居去了。后来汉光武帝刘秀又下诏征严光入宫做官，但是都被严光拒绝了。严光一直隐居在富春江的家中，直到80岁才去世。为了表示对他的崇敬，后人把严光隐居钓鱼的地方命名为“严陵濑”，传说是严光钓鱼时蹲坐的那块石头，同时被人称为“严陵钓坛”。

为帅买田，隐退养老。南宋抗金部队中，岳家军和韩家军战斗力最强，而且岳飞和韩世忠功劳最大。岳、韩二人有深厚的友谊。岳飞屈死风波亭，高级将领中仅有韩世忠敢去质问秦桧，斥责他“莫须有”三字何以服天下。

尽管如此，韩世忠同岳飞还是有很大不同的。岳飞是文武全才；韩世忠是大老粗，斗大的字不认得一箩筐。岳飞不纳姬妾，别人送给美人，被他拒绝了，理由是国仇还没有报，哪有心思贪恋美色？韩世忠则姬妾成群，其中最有名的有白夫人、梁夫人、茅夫人、周夫人。岳飞忠烈慷慨，敢于直言切谏；韩世忠则粗中有细。

当时将帅的权力非常大。宋高宗赵构怕他们有野心，深存疑惧。韩世忠特意在新淦买了大片田地，表明退休后在此养老。赵构见他求田问舍，心无大志，于是非常高兴地把这片田地无偿赐给他。

韩世忠解除兵权后，闭口不谈自己的战功，也不和旧日的部下来往。而且连过春节时，也谢绝旧部入门看望。他十分憎恶秦桧，每次见面，只是拱手问候而已，从不和他亲近，也一定不谈论国事。为了表示自己对远在北方沦陷区的故乡清凉山的怀念，自号清凉居士。他经常骑只骡子在西湖一带游赏流连，还学点文化，写点诗词。

就这样，韩世忠在消权后，平安地度过了晚年。

[成功秘要]

人生通常不满百年，对于亘古无限的宇宙来说，真的是太短暂了。苦闷也好，快乐也好，无论怎样都是一生。因此，如何让一生过得真正快乐，是困扰每个人的问题。从一定程度上说，人生的成败就在于能不能获得真正的快乐。怎样才能真正快乐？常言道：知足者常乐！事实上，人生有许多的不快乐就是因为自己不知足。快乐的人生不但要勇于奋斗，而且还要善于知足。快乐的人生就是成功的人生。

人生短短几十年，这是自然规律，想长生不老，那是不可能的。所以现在人们越来越重视生活的质量，在有限的人生时间里过得充实快乐，有意义。人生真正的成功就在于快乐。然而，很多人因为很多原因，十分重视金钱和权力。实际上，真正能给人带来长期快乐的倒不是金钱，而是对生命的享受。在历史上，有许多人在有了金钱和权力后，都选择了隐退，他们才真正懂得人生的真谛，他们是最快乐的人，也是最成功的人。

大义之下有宽容

赵匡胤对李煜这个亡国之君并不是全无嫌恶。他愤恨李煜的顽固不化，而且对他在宋军包围金陵九个月之后才出城投降而耿耿于怀。赵匡胤总觉得李煜平庸无能，身居大位却把国家大事全抛脑外，只知吟花咏月，歌舞酒宴，怎么可为君？因此，宋太祖才送给他一个饱含着侮辱以及讥讽的封号：“违命侯”。

赵匡胤不但自己不善诗文，而且对李煜的诗文才华也不屑一顾。有一次，赵匡胤在酒席宴上问李煜："听说卿在江南好作诗，可否吟一首来，让朕听听？"李煜想了想，吟出其得意之作《咏扇》中的两句："揖让丹在手，动摇风满怀。"赵匡胤鄙笑道："好一个翰林学士！"在赵匡胤看来，李煜做个舞文弄墨的学士还行，如果为一国之主那就不配了。

像这样的挖苦和嘲讽李煜经常遇到。多愁善感的诗人天天都不高兴，再加上亡国之痛的折磨，精神抑郁，愁眉不开，时或还报怨几声。但是赵匡胤没有治罪于他，因为他有过许诺：不害李煜一门。李煜的获罪被杀是在太宗时代。宋太宗赵光义不像乃兄，他看不顺李煜的哭丧相，听不了他的怀旧诗，终于在太平兴国三年（978）七夕把他送到另一个世界，那一天恰好是他的生日。

李煜是懦弱的，南唐是软弱的，但是宋军攻伐南唐却很不容易。这除了南唐军的顽固抵抗以外，还有长江天堑的横绝和金陵城防的坚固的原因。这场战争从开宝七年（974）十月十二日发兵，到次年十一月二十七日金陵城破，经历了近一年零两个月的时间，而且为了准备这场战争，也历时三年之久！

在发动和进行这场战争的过程中，宋太祖赵匡胤是充满信心的，但是在大军远途作战、金陵久攻不克的情况下也曾经产生过暂时罢兵的想法。那是在开宝八年（975）七月，赵匡胤以时届秋暑，南方卑湿，士卒多患疾疫，金陵又一时难以攻下，于是令曹彬从金陵城下退兵，屯驻广陵，休养士马，想以后再攻。后因为卢多逊、侯陟等人的极力谏阻，赵匡胤才打消了罢兵的想法。

无论怎么说，这是赵匡胤战略上的一个失误，就像侯陟

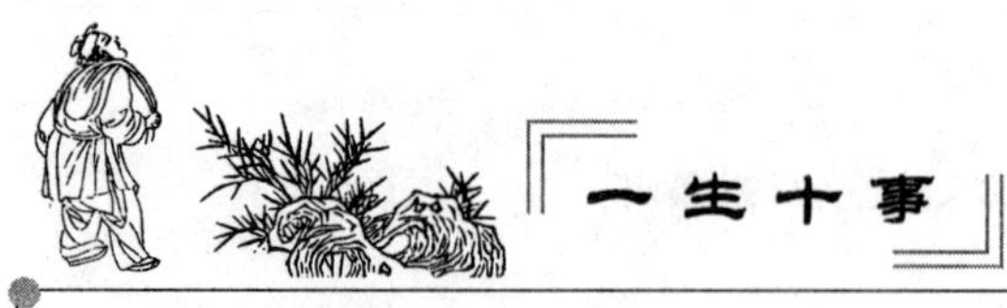

在进谏时所说："南唐危在旦夕，为何罢兵？"假如宋军真的退离金陵城下，将使南唐获得喘息之机，南唐强硬的主战派张洎很可能整顿兵马，加固城池，还可以主动出击，那将给宋军攻唐造成非常的困难。

顺便再说一下这个张洎。他是在开宝九年（976）正月随同李煜到开封的。赵匡胤召而责之，问他为何力劝李煜拒降，并且出示张洎在金陵被围时急召长江上游援兵的蜡丸书，准备治其罪。张洎道："实臣所为也，犬吠非其主，此其一尔，他如果还有其他罪，今天得死，臣之分也。"竟面不改色。赵匡胤很赞赏他敢作敢为的胆气，说："卿大有胆，不加卿罪，今之事我，无替昔日之忠也。"于是拜官太子中允，一年后，判刑部。张洎在太宗朝官至给事中，参知政事，同著名宰相寇准同列。但是，这是后话。

这次攻南唐，主帅曹彬立下了非常大的功劳。曹彬初统大军，宋太祖曾向曹彬承诺："俟克李煜，一定让卿为使相。"副帅潘美知道此事，预先向曹彬祝贺。曹彬道："不然。夫是行也，仗天威，遵庙谟，乃能成事，吾何功哉，况使相极品乎？"潘美追问其中原因，曹彬道出原委："太原未平尔。"从这段对话可以看出，曹彬心里惦记着的是扫平北汉，攻灭南唐并不是大胜利。曹彬从金陵凯旋后，赵匡胤想起了自己的承诺，对曹彬说："本授卿使相，然刘继元未平，姑少待之。"赵匡胤的意思是，宰相品位已至极，如果让曹彬居相位，则不肯力战，而讨平北汉之重任还等待着他。当时潘美也在侧，听太祖此言，不禁视曹彬而笑，宋太祖追问其中的原因，潘美如实以对，赵匡胤乃赐曹彬钱20万，暂没有授其相印。曹彬回到家中，见布钱满屋，叹道："人生何必为使相，好官亦不过多得钱尔。"

赵匡胤让曹彬“少待之”，事实上他自己也有所期待，希望曹彬再立新功，最终助他完成统一大业，然后再授曹彬以使相印。但是，赵匡胤并没有让曹彬等待太久，二月初即擢升曹彬为枢密使、忠武军节度使，枢密使兼领节度使从曹彬始。

后来，曹彬果然为宋灭北汉出了力。那是在宋太宗太平兴国四年（979），宋太宗召诸大臣谋议伐太原，薛居正等大臣反对出兵，曹彬则正确总结了周世宗以及赵匡胤征伐太原未果的教训，指出，现在国家兵甲精锐，攻伐可如摧枯拉朽，机会不能错过。曹彬的建议使宋太宗坚定了决心，完成了赵匡胤没有完成的事业。

综观曹彬在平南唐过程中的表现，赵匡胤可以说很会用人。曹彬忠实执行赵匡胤在发兵前向他秘授的方略，严厉军纪，让金陵免遭劫难，促进矛盾的化解、战乱的平息。南唐没有出现像平蜀后那样大的动乱，这同样是曹彬的一大功绩。

赵匡胤平南唐不仅选将正确，于万军之中选择了曹彬这样的力将，而且作战指导方针英明，符合敌情我情。在战争中，宋军的“浮桥渡江”堪称其战略部署中的得意之笔。亘古以来长江上的第一座浮桥及 10 万大军渡天堑的壮观场面不但令赵匡胤引以自豪，而且在中国古代战争史上也可重重地写上一笔。除此之外，对金陵的围而没有攻，围点打援，以金陵外围为依托，集中兵力攻打来自长江上游的 15 万朱令赟军也是一招妙棋。朱令赟援军被歼等于割断了南唐的血脉，从此以后便只剩下一个奄奄一息的躯体了。

征讨南唐的战争是赵匡胤统一战争中的最后一仗，作为中国古代杰出的军事家以引人的才智为自己的军事生涯画上了一个完满的句号。跨据江淮 30 余州、物力富盛的江南地区归入大宋版图以后，赵匡胤已差不多实现了他的“先南后北”的战略，统一大业已经基本上完成。

赵匡胤统一战争的胜利是顺乎民心的结果。当时，天下分裂割据很久了，南方诸国赋税繁重，民不聊生，统一、太平是人们所期望的。后蜀僧人尚可朋有一首《耕田鼓诗》写道：“农舍田头鼓，王孙宴上鼓。击鼓兮皆为鼓，一何乐兮一何苦。上有烈日，下有焦土，愿天公降之以雨，令桑麻熟，仓箱富，不饥不寒，上下一般。”此诗用平白的语言记述了农民击鼓祈雨以及王孙击鼓宴乐的极大反差，真实地反映了蜀地人民的苦难。赵匡胤南伐以救世主自居，声称是“救此一方之民”，实在是大错特错，他不过是顺应时机顺应民心，在统一的大趋势下完成了一个历史使命而已。

[成功秘要]

宽容大度是一种胸怀的表现。赵匡胤对待李煜比较宽容大度。平定南唐时，不生灵涂炭，让老百姓安居乐业，为帝王之仁与义。

保持名节，名传天下

于成龙（1617—1684），字北溟，顺治十八年（1661）任广西罗城县知县，开始步入仕途。

罗城地处融江、龙江之间，溽暑潮湿，时疫流行，北方人害怕而不愿去；而且20多年战乱，民不聊生，汉瑶世仇，兵戎时见。亲友劝告于成龙别去卖命，他却说道：“古人义不辞难。”“这次出行不以温饱为念，所以自信者，天理良心四

字而已。”于是变卖部分家产凑足100两银子作旅费，昂首上道。

来到罗城，眼前景象比想象的还困难。这么大个县城，只有六户常住人口，草房几间。县衙已无大门和院墙，院内杂草丛生，狐兔乱窜，大堂草房三间，住宅茅屋三间而已。于成龙长途跋涉，染上时疫，还是坚持工作，而且一干就是七年。

七年间，他访贫问苦，招抚流亡，禁止县吏兵勇盘剥百姓、滥杀无辜，同群众交朋友，为人民办实事。良民为匪者，多次劝导，让其回家务农。亲访瑶寨苗家，解释汉瑶苗友好相处的好处，互相仇杀的害处。经过反复耐心地说服教育，全县人口越来越多，百姓富庶。因为政绩突出，于成龙得到总督卢兴祖荐举，升任四川合州（今合川）知州。临行，罗城人民欢送“阿爷”一站又一站，一程又一程。

于成龙在合州任内，兴利除弊，招抚流民垦荒。只要是垦荒流民，政府贷给耕牛、种子，地归垦种者，三年免征赋税。只一个多月，定居户口增多1 000，百姓安居乐业，匪盗从此也消失了。

于成龙官运亨通，清廉依旧。康熙十七年（1678）于成龙升任福建按察使，为正三品官，主管一省司法。按常理，上任途中自有各地府州县官迎送，吃住行都有人代理。于成龙却不搅扰地方官府，坐船而行，自带几大筐萝卜做沿途菜肴。到任后，查监狱中人满为患。仔细询问，始知其中几千人都因与抗清的台湾郑经有贸易往来，被认为是通匪。于成龙认为朝廷正做招降郑经的工作，这些属无辜百姓，更不能逼他们造反，于是函请上司释放了这些人。在他做社会调查中，知道驻防旗兵大肆劫掠百姓子女做奴婢，使许多人家妻离子散，很多人愤愤不已。他无权下令放回，只能采取赎买办法，由他出头向四处集资，向八旗兵购买被掠之人，然后送还其家。

时间不长，于成龙由按察使转为福建布政使，专管一省的财赋以及人事。这布政使是肥缺，有财权和人事任免升降权，不说贿赂、吃回扣，单是接受礼物就可以家财万贯了。于成龙在任内严禁贿赂、打击贪赃枉法，年节送礼一概拒收。福建有很多外国商人，时常进献礼品，送样品试用，都被他一一拒绝，全部按章办事。外国商人连声赞叹："我们走遍世界各地，从来没有见过如此清官。"的确，堂堂布政使，居室内一个竹箱装朝服，两口小锅做饭菜，书案上只有文房四宝和书籍，此外别无他物。

1681 年进京朝见，康熙帝褒奖他为"天下第一清官"。这年冬天升任两江总督，赴任途中，与小儿子租驴车一辆，晚上住便宜小店。上任后，个人生活还非常清苦，天天粗粮蔬食，人们叫他"于青菜"。他儿子也粗布衣裳，从来没有穿过裘皮衣服。1684 年，于成龙病死于任所，谥号"清端"。

[成功秘要]

于成龙步入仕途后，一直清正廉洁，爱民如子，他无论官居几品，都能坚持如一，这同他淡泊名利的观念有着根本联系。

坦然面对成功与失败

宋神宗熙宁七年秋天，苏东坡由杭州通判调任密州知州。我国自古就有"上有天堂，下有苏杭"的说法，北宋时期杭

州早已是繁华富足、交通便利的好地方。密州属古鲁地，交通、居处、环境都比不上杭州。

东坡说他刚到密州的时候，连年收成不好，到处都是盗贼，吃的东西也不充分，东坡及其家人还常常以枸杞、菊花等野菜作口粮。人们都认为东坡先生过得肯定不高兴。

不料东坡在这里过了一年后，脸上长胖了，而且过去的白头发有的也变黑了。这奥妙在哪里呢？东坡说："我很喜欢这里淳厚的风俗，而且这里的官员百姓也都乐于接受我的管理。因此我有心情自己整理花园，清扫庭院，修整破漏的房屋。在我家园子的北面，有一个旧亭台，稍加修补后，我经常登高望远，放任自己的思绪，无穷遐想。往南面眺望，是马耳山以及常山，隐隐约约，似近又远，大概是有隐君子！向东看是卢山，这里是秦时的隐士卢敖得道成仙的地方；朝西望是穆陵关，仿佛像城郭一样，师尚父、齐桓公这些古人好像都还活着；向北可俯瞰潍水河，想起淮阴侯韩信过去在这里的辉煌业绩，又想到他的悲惨命运，难免慨然叹息。这个亭台不仅高而且安静，夏天凉爽，冬天暖和，一年四季，从早至晚，我时常登临这个地方。自己摘园子里的蔬菜瓜果，捕池塘里的鱼儿，酿高粱酒，煮糙米饭吃，真是乐在其中。"

[成功秘要]

每个人都渴望成功，而人生的道路不可能是平坦的、一帆风顺的，所以，当面对失败的时候，一定要能够正确对待，不要让失败把你打趴下了。人生如白驹过隙，时光稍纵即逝，当你回过头看时就会发现，实际上，事业上的不顺利，特别是仕途上的不顺利都不值一提，最重要的还是人生的快乐。因此，要正确面对失败和成功，使自己总能够快乐地生活。

世：

世事通达，玲珑处世

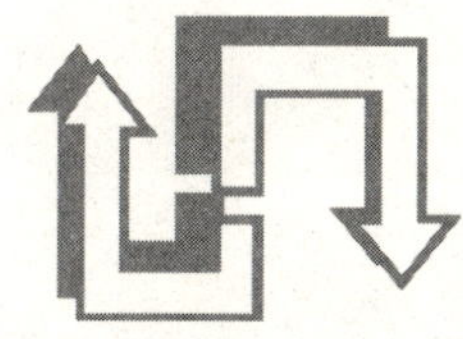

掌握圆融处世的能力，对于每个人来说均是至关重要的。有些人说起话来头头是道，办起事来顺顺当当，其原因就是他们懂得变通。世事通达，玲珑处世，就会无往而不胜。

小事装糊涂，大事讲原则

谢振定，字一斋，湖南湘乡人，是乾隆四十五年的进士，初任编修，后参选江南道监察御史，后任兵科给事中。

据《清朝野史大观》记载，谢御史是不拘小节的人，但是性情疏阔，在他居住的地方桌子床榻上落满了非常厚的灰尘，从来都不擦拭。院子中花草杂生，很有濂溪不清除台阶之草的风格。从来不在意钱财物品，任由仆人侵夺和偷盗。还具有多忘的特性，他曾经新添置了一件朝衣，借给一位同僚穿着，不做官以后一直都没再拿回来。后来在礼部做官，恰好赶上有祭祀活动，又要去买朝服穿。被他借给衣服的那位僚友知道后，故意问他："我记得先生曾经在某时新添置了朝衣，也没过多久，怎么就没了呢?"谢御史茫然地说："这类东西随手扔到了哪个破箱子中，现在也找不到了啊。"这位僚友又说："你是否曾经借给谁了?"谢御史还是没有想起来。僚友后来笑着告诉他："你于某日借给我穿了，现在还在我的箱子中，你真的忘记了吗?"谢还是恍恍惚惚的样子，其不计细节都是如此。

在民间，广泛流传着"烧车御史"的故事。这故事说：在谢振定做京城巡视御史时，一天，正在东城巡逻，远远地看见有一辆违制的车舆在街道上驰骋横行，没有一点害怕的样子，谢振定令兵士把他拘来，见那人骂骂咧咧，很是倨傲。"他娘的，谁敢逮老子，快把老子放了。不然叫你们全都吃不了兜着走……"

谢振定怒道："哪个大胆狂徒，怎能这样无礼，天子脚下，哪能容你放肆，报上名来。”

那人说：“老子就是相爷身边的贴身仆从，是相爷的妾弟，你这个不知天高地厚的狗官，敢把老爷怎么样?”原来他是和珅小妾的弟弟。

他如果不说自己是和珅的妾弟，谢振定还能饶他一二，听说是和珅亲戚，谢振定怒火中烧，道：“给我用鞭子抽。”两边兵丁，立刻将他推翻在地。你道哪个不恨和珅，今见主子如此有骨气，这些兵丁也壮了胆气，把对和珅的怨气、恨气，都撒在这个“舅爷”身上。和珅小妾的弟弟在地上也还破口大骂:“竟敢打相爷的‘舅老爷’……这车子乃是相爷乘的车子……”

谢振定道:“掌那厮嘴，还放托词是相爷的乘舆。”兵丁们把他拉起来，对着那嘴脸开始打起来，不一会儿那粉脸变成了一个紫茄子。

谢振定道:“那厮还敢托言这是相爷中堂的车子，把那车子烧了。”兵丁们把车子拉过一边，放火把它烧了。谢振定对和珅小妾的弟弟道:“如何?这车子宰相还可以坐吗?这是宰相乘坐的车子吗?”命兵丁们回去。

这事传到和珅耳中，和珅召来刘全等道:“若遇着这些不识时务的，记在心里就可以了，要不露声色，报给我知道，让我来收拾他们，你们自己不要硬为顶撞。”

家奴马八十三道:“相爷说得非常对，不要和他们逞一时之气，不然反而鼓励了别人，遇事须沉着稳定，要整治那人时，不仅让那人无知觉，而且也要治他个落花流水。”

过了几天，谢振定的同事给事中玉钟健，在和珅的授意下，借着其他事情弹劾谢振定。想要加之罪，哪用担心没有借口?和珅马上禀皇上夺了他的职，把他放回老家去了。

嘉庆五年，和珅被治罪，谢振定重新被重用，在嘉庆十四年去世。道光年间，谢振定的儿子在河南做知州，由于才能突出，政绩卓异被引见给皇上。道光听了他奏答的姓名籍贯，于是问道："你说你是湖南人，为什么说一口流利的京师话？这是为什么？"谢的儿子对曰："臣父谢振定在做御史时，臣生长在北京，因此会讲北京话，湖南老家的话，反而不会讲了。"道光高兴地说："原来你就是烧车御史的儿子。"于是就更加褒勉他。到了第二天，对军机大臣说："朕小的时候听说过烧车御史的事，昨天就见到他的儿子，他儿子也清正廉明，你们应重用他才是。"

从此之后，这"烧车御史"的说法便流传开来。

[成功秘要]

一个人立身处世，如果张弛有度，小事上不斤斤计较，大事上不犯糊涂，讲原则，讲是非，则是一个处世游刃有余者。

察言观色，通达权变

史书上说，仇士良"有术自将，恩礼不衰"，从一个小太监，历任要职，直到死后还被追赠为杨州大都督。

一个名不见经传的小太监居然能一步步爬上高官要职的宝座，简直是个奇迹。

仇士良刚进宫时，因为人小伶俐，腿脚勤快，又加上他有梳头的绝技在身，赢得了娘娘的欢心，很快便在宫中当上了内务府的一个小总管。那时候，他也不过十五六岁的样子。

自此以后，仇士良便倚着娘娘的庇护，作威作福，已经让很多宦官们所不齿。但是他依然我行我素，在他看来，自己所需要的是上面的宠幸，下面的人倒也无关紧要。

唐朝最初是严禁宦官干政的，但是到了唐中宗时，宦官人数急剧增多，达数千人。由于中宗无能，韦后干政，宦官中开始出现有权有势的人，大宦官开始干政。到了唐玄宗开元末年，宫中的宦官竟多至3 000多人，其中五品以上的宦官已经多达千人，而且部分还达到了三品将军的职位。唐玄宗李隆基早年英明勇武，非常有明君风度，但是到了晚年，昏庸霸道，只图享乐，不思进取，大多任用宦官把持实权，政治日趋腐败。宦官杨思勖多次领兵出征，被封为从一品的骠骑大将军，突破了唐初宦官不得超过三品的规定。

特别是高力士，因为自小就与唐玄宗有交情，以后又得以亲自服侍唐玄宗，而且十分讨唐玄宗的喜爱。

恰好一日，当朝顺宗皇帝的太子广陵王李纯至宫中玩耍，看见给娘娘梳头的小仇士良对娘娘悉心侍候，只见他左手轻轻地握住娘娘的发髻，右手拿起一柄玉梳，从发根至发梢，细细流过，仿佛飞瀑流云一般。太子李纯突然惊呆了，感叹不已。想开口请娘娘把仇士良送给自己，但是又恐娘娘不肯。

端坐在李纯前面的娘娘见他坐立不安之态，以及眼流异彩之色，已经猜到了几分。

娘娘面带微笑，把眼睛转向李纯，接着还看着仇士良，道："你是个好小伙，我也不愿让你跟我梳一辈子头，这样吧，明天，你就去太子广陵王李纯那里报到吧，那里许是你展露才华的地方呢！"

"小人不敢！"仇士良失声尖叫，但是又顿觉不好，如果不去侍候太子，就是瞧不起这份差事；瞧不上这份差事，显然是瞧不起太子。仇士良何等的聪慧，马上考虑了这么多，

于是他立即改口道："小人愿听从娘娘的吩咐。"

"这就是了，去参见太子吧。"

仇士良再拜起身趋到太子李纯跟前，双膝跪下，作了个长长的揖，拖声道："小人仇士良参见太子殿下，小人愿意尽心侍候太子大人。"

太子李纯，面对这突如其来之事，顿时满心欢喜，想不到娘娘竟然这样慷慨，于是欠身向娘娘稍作一揖："谢谢娘娘！"

李纯自从当了太子以后，处事越来越老练起来，考虑问题也越来越多。他天天往来于各相府之间，宫内宫外、政治军事、民情民事，天天如潮水般地往他脑子里灌。

日子一长，李纯身体越来越差。仇士良也刚好在这时从娘娘处进入东宫。不说这仇士良，圆脸大眼，方鼻薄唇也倒罢了，偏又生得一双宛如柳叶儿似的眉，俊俏中便平添了几分妩媚。而且加上嘴甜手巧、善解人意，因而颇令人喜爱。

太子李纯把他叫至身边，仇士良便于当晚侍候太子沐浴。

是晚，青灯朦胧，帏帐隐隐，香气袅袅，仇士良备好衣饰，便唤李纯前来就浴。

等到入帐之后，仇士良便替太子宽衣解带，他小心翼翼，十分轻柔地给太子把衣物全部脱下，又轻轻叠好，放得整齐。遇有绶带难解之处，也不性急，其他宦官常常在这里时发力强解，就算解开也是弄得太子很不高兴，而仇士良却善找机巧，找准契头，牵引之间便解开了。

太子李纯对此十分满意，便轻声舒适地"哼"了一声。

太子对仇士良的言行举止非常满意，第二天便又唤仇士良准备洗澡水。

在一起的日子一长，李纯与仇士良已较熟了，加上年龄

相仿，于是无话不谈。仇士良也慢慢地从太子口中知道了俱文珍、王叔文之流，也偷窥了一场场惊心动魄的宦官与朝官之间的斗争。

以后在添茶递水、洗澡搓背之时，仇士良便多了份心眼，好了解更多的内幕。

一日，日暖气新、鸟语花香，太子闷闷地从外面回来，往椅子上一躺，不由长叹几声。

仇士良看见这种情状，便知太子定有积淀很久的郁闷，便趋身上前道："太子殿下，数万之众，莫如天子，数万之乐，万不可悲伤，何事能令您烦闷呢？外面阳光正暖，我们不妨出去踢踢球，散散心，可别累坏了身子。"

连哄带拖，李纯便跟着仇士良来到芙蓉树旁的空地上，你一脚我一脚地踢起球来。约摸一会儿，太子微汗略出，心情也愉快了许多。

永贞元年七月，太子李纯监国，在大明宫含和殿的东朝堂里接见了百官。

这事，可忙坏了仇士良，他曾经盼望的蓝图就出现在眼前了。这前一夜，仇士良来到太子寝宫，笔墨侍候太子写一些重要的文件。

之后，便引太子入浴。太子满意地躺在浴盆里，舒服地闭上眼。

"下人仇士良侍候当今万岁。"仇士良跪下作了个长揖。

"平身，士良啊，此后，朕就把你留在身边了。"

"谢皇上！"

仇士良起身，更加精心地侍候太子洗澡。

次日，仇士良早早地起床为李纯准备衣冠绶带、金块玉佩，捧到太子寝宫门口，跪着等待李纯的醒来。

想不到这李纯由于兴奋也早早地醒来了。接着仇士良便悉心地侍候李纯穿戴起来，因为是第一次侍穿这华贵之衣，难免有点紧张，但是幸亏以前向老宦官们讨教得紧，便也能很快熟练起来。

这当儿，仇士良已经侍候李纯穿戴完毕，定眼一看，果然威仪堂堂、福贵齐天，全身龙袍毫无皱纹，平滑如镜。

李纯于镜中仔细打量了自己一番，表情刚开始是得意，忽然又变得十分庄严。

之后李纯端坐于龙椅之中，仇士良立刻扑通跪倒，深深地慢慢地叩了个头，长声道："吾皇万岁万万岁！"

"平身。"李纯和悦地扶仇士良起来，接着又坐下，问道："朕有一事，你看意下如何？"

"小人不敢回答。"仇士良有点自卑之意。"这俱文珍与王叔文等'二王八司马事件'猜想你已经知悉，这二王八司马百般同我相对，朕该怎样处置他们。"

"下人以为，皇上初登龙基，应该龙恩浩荡，赦免宽容才对。"仇士良顿了一下，又道，"不过……"

"不过什么，爱卿快讲。"仇士良平生第一次听此称呼，难免受宠若惊，便再揖一首："谢皇上，下人以为若对这种邪恶之人不以严惩，只怕难树皇上的威信，而且以儆效尤也一定有它的妙处，要不就赐死几个，以威慑天下不义之徒。"

"爱卿所言非常好，朕自有主张了。"

话说李纯监国这日，在大明宫含和殿的东朝堂里接见百官。李纯立于殿上，接受众官朝拜之后，于是出诏宣布以太常卿杜黄裳为门下侍郎，左金吾大将军袁滋为中书侍郎，并同平章事，百官便齐拜贺。

半月之后，顺宗正式禅位给太子李纯，自称太上皇，改

元永贞，照例是举行大赦。

八月初，太子李纯即位，是为唐宪宗。

宪宗一坐上皇帝的宝座，马上提升仇士良为内给事，从此之后仇士良侍奉皇上更加尽心尽力了。

第三日，宪宗便按照了仇士良的主意，贬王还为开州司马，贬王叔文为渝州司户。

李纯登基，仇士良也获了官，随着皇上跑前跑后，十分得意。他果然实现了当初在兴宁选择宦官之路的夙愿。

仇士良对皇帝更加小心。对宪宗的一举一动都仔细观察，摸透了皇帝的心理以及性格。宪宗有任何事要办，他总可以预先猜度他的旨意，不等皇帝说出来，就预先替他筹划好了，使唐宪宗感到称心如意，因此不久，他又被擢升为平卢、凤翔监军。

仇士良以后可以说是平步青云。而这一切谁又能说不是他善于察言观色，投主所好的结果呢？

[成功秘要]

仇士良察言观色，挖空心思投主子所好，一张甜嘴又得到娘娘的庇护，八面玲珑获得太子李纯的器重，加上自己办事老练，看人说话，趁势邀利，终成唐朝太监里的“极品”人物。

纵观历代官场，受宠升官的并不都是有才之士，也有相当一部分是胸无大略但是又善于逢迎谄媚的人。说到曲意逢迎皇帝的心意，也许没有人能比得上晚唐的大宦官仇士良做得得心应手。他一生事六帝，每个帝王都被他侍候得服服帖帖。

投其所好，跻身权贵

提到清朝的李莲英，这个晚清的太监早年也是一个泼皮无赖，后来自阉入宫。皇宫中阉了的男人数都数不清，这李莲英如何跻身权贵不断攀升呢？其实他靠的也只是梳头的技术。

李莲英出身贫寒，自幼丧父，经过同乡太监沈玉兰介绍进宫当了太监。李莲英进宫时，不但超过了 16 岁，而且长得粗丑不堪。按理他是不可能接近慈禧太后的，但是他是一个喜欢钻营的人，西太后最喜欢梳一些流行的发式，那些梳发的太监没有一个让太后满意的。西太后又怕头发掉落，太监每梳掉一根头发，就会被打一鞭子，梳发太监天天垂头丧气。

李莲英知道后，猜想：这是一个十分好的机会。他悄悄地溜出皇宫，往妓院跑，但是他不是去嫖妓，而是向妓女们学习梳头的功夫。妓女们个个是梳头的能手，李莲英嘴甜手巧，又愿意送钱，不足一月，他就掌握了事关他一生飞黄腾达的手艺。

回来后，他自荐给慈禧太后梳头。梳头的太监总管听说他是梳头高手，就像找到救星一样。李莲英真是不同凡响，第一天当班，他就为西太后梳了一个时髦的发式，赢得了慈禧欢心。不久，就成了西太后梳头的专门太监。

李莲英揣摩透了西太后的心理，梳头的时候，还不时讲些笑话分散她的注意力，把梳掉的头发偷偷装进自己的袖子中。他梳的头发不仅好看，而且“不掉发”，深得慈禧太后喜爱。

就这样，李莲英靠梳头功当上了皇宫内务府大总管。因为非常受慈禧宠爱，那些王公贵族、一品大臣都要同他交好。

不久，李莲英就被提升为梳头房总管，成为慈禧身边的心腹红人。常人看来，慈禧的性情太难捉摸了。可是李莲英在给慈禧梳头的日子里，经过长时间的观察，渐渐地摸透了她爱美、爱表现、爱虚荣、爱听恭维话、气量狭小、嫉妒刻薄和打击报复的性格。她有一句名言，叫做“谁让我别扭一阵子，我就让他别扭一辈子”。李莲英正是看准了这一点，不仅保全自己，而且步步高升，对慈禧是逆来顺受，巧为周旋，恭维备至，毫不懈怠。

俗话说“伴君如伴虎”，稍有疏忽，就会惹下杀身大祸。但是李莲英却不在乎这些，由于他对慈禧的内心世界摸得太透了，掌握了她的喜爱与要求，针对实际情况，为她排忧解难。而且慈禧也觉得，自从身边有了李莲英，人生就有了乐趣。李莲英不仅给她梳头，而且还陪她下棋、观花、玩牌、散步、谈古论今，投其所好，张口即来，谎话连篇，一副十足的奴才相。

李莲英太监生涯 50 多年，可谓坏事做尽，恶贯满盈。他不但与慈禧太后共谋害死皇帝、皇太后、皇妃，而且又通过多种手段网罗罪名加害王公大臣，并且对一般的宫女、太监这类宫中下等人物也进行迫害。宫中大小太监，除了他的几个亲信、同乡之外，其他太监只要不如意，就会遭到李莲英的痛骂、杖责、毒打。在宫中，李莲英有过多次将太监毒打致死的记录。

在李莲英罪恶的一生中，有过多次血腥的、草菅人命的记录，他肆无忌惮的胡作非为，他人敢怒不敢言，相当多的人趋炎附势。

李莲英，这个在近代中国历史上嚣张了 50 多年的奴才，由于主子位尊，奴才狗仗人势，所以有理无理，别人都必须让他几分。而他自己也有恃无恐，无论什么场合，无论做什

么事，他都以慈禧太后的名义发号施令，以此抬高自己的身价。

［成功秘要］

阿谀奉承向来不被人看重，但是好听的话人人爱听，这是人性最大的弱点。做人如果能适时地送出甜言蜜语，有时比送出千金更管用。说白了，李莲英就是靠着甜言蜜语赢得了高官厚禄的！这正是人性所说的极易被突破的“弱点”。

投其所好在于抓住不同人的特点，区别对待，李莲英之所以在官场中能够如鱼得水，连连攀升，同他善于抓住主子的弱点，并进而投其所好是分不开的。

深藏不露、掩饰真相，是做事的一大策略

李鸿章对太平军和捻军采取严酷手段，他对资产阶级保皇党以及革命党所持的态度就要慎重许多，表现出相当强的策略性。总的说来，李鸿章在担任粤督后的头 3 个多月里，以筹办保皇党问题为首要政务。当时顽固派和保皇派之间的矛盾越来越大。清廷在任命李鸿章署理粤督的第二天，谕令各省督抚严密缉拿康有为、梁启超以“明正典刑”；还有在李鸿章接到谕令后 6 天，又下诏以醇亲王载沣之子溥仪做大阿哥，史称“己亥建储”。这是顽固派为消灭保皇党、废黜其“圣主”光绪所采取的关键步骤。

保皇党人深感时局艰危，急谋对策。梁启超非常明确指出：“圣主之危，甚于累卵，吾辈之责，急于星火。”他和康有为密议

函商，决定推进“武装勤王”计划。他主张先夺广东，建立政府，争取外援，“抚绥内政”，接着挥师北指，“去救皇上”。

梁启超坚持取粤，势必同粤督李鸿章发生冲突。梁启超不仅致函李鸿章，感谢他在戊戌政变后对自己的“殷勤垂爱”，劝他不要迫害保皇党人，为慈禧做荆卿；一面写信给同党表示：“肥贼刘豚在粤增大我辈之阻力，宜设法图之。”“肥贼”指李鸿章，“刘豚”指刘学询（字问刍，又号耦耕），有土豪之称，曾包办“闱姓”（时粤垣一种官督商办的公开赌博，每届科举皆以投考士子之姓氏为赌）多年，引起其“金钱势力足以左右士子之成败，还有官吏进退”，成为钱势兼备的士绅，李鸿章督粤时倍加倚重和竭力庇护他。

1899年夏秋刘学询经过清廷钦派赴日，表面上考察商务，实际上前去谋刺康、梁，后入李鸿章幕府，变成其机要幕僚。梁启超说：“刘豚为肥贼军师，必竭全力以谋我。恐其必生多术，以暗算我辈。”所以必欲诛之而后快。自称“康党”而又“奉懿旨捕康、梁”的李鸿章，既然不敢违抗拿办康、梁的懿旨，而且又不愿意与康、梁彻底决裂，因此历史呈现出复杂的情景。李鸿章不仅“奉旨而行”，逮捕保皇党人罗赞新等三人家属，而且请英国外交部电饬新加坡、香港总督和驻华各国领事查拿拘禁保皇党人，力图防止保皇党人以港澳为基地，在广东掀起“武装勤王”风潮；一面“曲为保全”，预留地步。

早在2月11日，清廷就已经命令李鸿章铲平康、梁在广东本籍祖坟，“以儆凶邪”。可是，李鸿章迟迟不动。3月26日，总署责问李鸿章：“平毁康逆坟墓一事，怎样办理，迅速电复。”李鸿章立刻复电总署说：“新党”在香港订做“勇衣”、“战裙”，“表面上为新党勤王，实际想袭城起事”，联

系的“会目甚众”，筹集的“会银甚巨”。“唯虑激则生变，平毁康坟似宜稍缓筹办。”慈禧对李鸿章的态度颇为不满，常驻北京的李经述等闻讯后马上通报他们的父亲，说“内意甚忌‘新党勤王’四字”，“深以缓平坟一语为不然”。

事实确系这样，慈禧生气地责怪李鸿章“语殊不当”，警告说“假如瞻顾彷徨，反张逆焰，只拿李鸿章是问”。李鸿章没有办法，只得平毁康有为祖坟。不但如此，李鸿章还暗中与康、梁书信往来。他在接到梁启超信后，曾请他的侄婿孙宝谊代复一书。李鸿章还特意“使人问讯”康有为。如此这些，博得了康有为一分为二的评价；“公向来既无仇新党之心，而今日就有显仇保皇之事，在名义则不正确，在时势则不容易”；并终于软化了梁启超的强硬态度。

4 月 12 日，梁启超致函康有为说：“得省城不必除肥贼，但以之为傀儡最妙。”对于刘学询，他们还是坚持除治，不加以宽恕，认定“豚子不宰，我辈终无着手之地”，此事“与吾党绝大关系，虽然多费亦当行之”。刘学询和李鸿章的地位以及用处毕竟大不相同。而且，就个人恩怨而言，康、梁与刘学询相抵抗，因为刘学询一直自告奋勇充当谋杀康、梁的凶手，而康、梁与李鸿章之间关系的紧张与缓和，则主要取决于政治的需要。

一切的行动都要靠自己的判断来支配。李鸿章的一些判断，隐含着言外之意。

1900 年春夏，义和团运动在北京、天津、保定三角地带迅速高涨起来。义和团打着“扶清灭洋”的旗号，采取武装斗争的形式，锋芒直指外国侵略者。外国驻华公使逼迫清政府扑灭义和团反帝怒潮。清朝统治层从上到下，对义和团一直存在着“剿”与“抚”的分歧。洋务派认为“‘助清’者

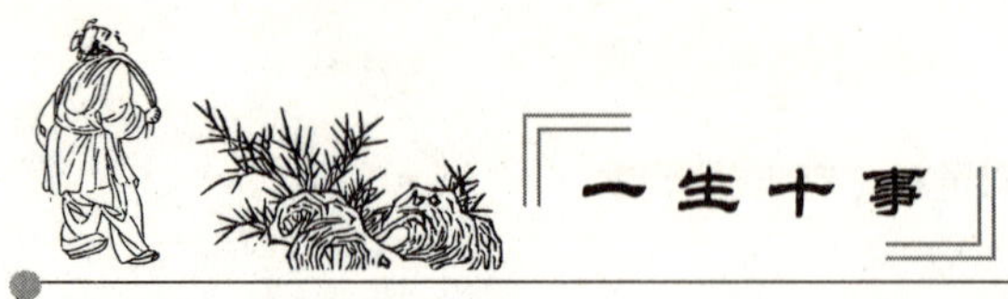

实在是清政府忧患，‘灭洋’者益增洋衅”。顽固派则表示“赞助”，希望控制、利用义和团，“扶保大清不坏”。凌驾于洋务派和顽固派之上的慈禧，在“剿”与“抚”之间摇摆不定。

面对这种局势，以孙中山为首的兴中会决定“布背水之阵，以求一战”。但是孙中山明确指出：“我们的最终目的，是要与华南人民商议，分割中华帝国的一部分，新建一个共和国。”所以，孙中山采取了双管齐下的方针，不仅联络三合会等准备在广东发动起义，武装夺取政权；而且根据何启、陈少白的建议谋求同粤督李鸿章合作，争取两广独立。

5月底6月初，“素与兴中会关系密切”并和香港总督卜力“甚为相得”的香港立法局议员何启，向中国日报社社长陈少白献策，“借重香港总督之力，劝李鸿章独立”，而由孙中山“率兴中会员佐之”。陈少白十分赞同，马上函告孙中山。

刘学询也闻风而动，对李鸿章说：如果傅相有意罗织孙中山，他“可设法使即来粤听命”。李鸿章没有明确表态，只是“颔之”而已。接着，刘学询便写信给孙中山，说李鸿章“因为北方拳乱，欲以粤省独立，思得足下为助，请速来粤协同进行”。孙中山尽管并不相信李鸿章“能具此魄力”，但是却认为“此举设使有成，亦大局之福，所以想不妨一试”。

实际上，孙中山怀疑李鸿章是有道理的。当时义和团还没有大批拥入京师，顽固派还没有左右朝局，八国联军还没有组成，香港总督卜力在外休假还没有介入。在这种形势下，说李鸿章“欲以粤省独立”，于理于势，都属虚妄。

直至6月10日，即孙中山从横滨乘船赴香港的前一天，李鸿章在接到赫德来电之后，才感到“大局危甚”。是日，赫

德以“急密”电通知粤海关税务司庆丕，让其“立即往访李鸿章，向他说明这其间局势极端严重，各国使馆都害怕受到攻击，而且认为中国政府即使不仇外，也无能为力，假如发生事故，或情况改变缓慢，定将引起大规模的联合干涉，大清帝国可能灭亡……我请他电告慈禧太后，使馆的安全极为重要。对于所有建议采取敌对行动的人都应予驳斥”。庆丕接电后马上去见李鸿章，李鸿章“看了电报之后，迅速了解了整个局势”，并且立即按照赫德的意见电奏清廷。第二次，李鸿章致电盛宣怀哀叹“国事太乱，政出多门，鄙人何能为力”，请他续报朝局近况。在此之前，李鸿章企图笼络孙中山好消除武装起义的威胁是可能的，与之合作搞“粤省独立”，却只能是刘学询和何启的想法。当然刘、何的这种想法也并不是空穴来风，却是广州和香港官绅急于预防变乱、安定秩序、维持既得权益的反映。

6 月 17 日，孙中山偕杨衢云、郑士良及日本友人宫崎寅藏等乘船抵达香港海面。李鸿章派曾广铨率“安澜”号兵轮来迎，邀请孙中山、杨衢云二人“过船开会”。

此时，孙中山得到“香港同志报告，知李督还没有决心，他的幕僚已经有设陷阱诱捕孙、杨之计划，更有谓刘实为主谋者，所以不想冒险入粤”，只派享有治外法权的宫崎、清藤幸七郎、内田良平三位日本友人代行赴会。当夜 10 点多钟，宫崎等三人被接至刘学询的公馆，即时与刘学询开始谈判，曾广铨担任翻译。谈判至次日凌晨 3 点结束，宫崎一行即时“乘暗夜回转香港”。

这次谈判事属机密，过后宫崎在撰写《三十三年之梦》时，还说“这一段情节有些像传奇小说，但事关他人秘密，至今不能明言，深觉遗憾”。据台湾学者吴相湘考证，宫崎等

曾向刘学询表示：如果李鸿章确有诚意邀约孙中山参加广东独立工作，应该先做两件事，即保障孙中山的生命安全、借款6万元（一说10万元）。刘学询请示李鸿章后，声称“一切照办”，希望孙中山“早日前来共策进行”。

这时孙中山为一种怀疑、戒备与希望交织的复杂心态所萦绕。当谈判结束宫崎等人乘军舰返回进入香港港口时，孙中山的座船“已经启碇，正向西贡开去”，宫崎等“挥帽呼叫也没有人回应”。这显然是为了防止突然变故而有意避离，除此之外似乎没有更合适的解释。但是他对谈判仍然抱有幻想，他在到达西贡之后立即致电刘学询探问谈判情况，并致函在香港的同志布置“分头办事”，即继续准备武装起义和策动李鸿章“两广独立”。

然而，这时全国的政局和李鸿章的处境却发生了重大变化。6月中旬，八国联军直逼北京，义和团和部分清军奋起抵抗。清政府内部对内主“抚”对外主“战”的顽固派，压倒对内主“剿”对外主“和”的洋务派，慈禧倾向顽固派，并于6月21日对外宣战。慈禧和顽固派既想借助对外战争之名来躲过义和团锋芒的打击，利用义和团攻打使馆区，强迫各国公使同意废黜光绪，另立溥仪，“大事既成……虽割地以赎前衍，亦所不恤”，又想在对外战争的幌子下，利用帝国主义的屠刀残杀义和团，把造反群众推入血泊之中。作为洋务派要角、拥有地方实力、距离北京较远的两江总督刘坤一、湖广总督张之洞等，在英国的策划下，经过盛宣怀的穿针引线，与列强实行所谓“东南互保”，竭力镇压群众反帝斗争。

时势的演变一下子把李鸿章推到举足轻重的地位，清廷先让他迅速来京，后又根据荣禄建议调他为直隶总督、议和全权大臣，与清廷政策抵触的诸多督抚、将帅和官绅鼓噪什

么消弭“内乱外衅’，非李莫属。香港总督卜力也开始充当李鸿章与孙中山之间“诚实的掮客”。李鸿章的最后抉择是让“两广独立”的把戏化为泡影。

[成功秘要]

李鸿章善于掩饰自己，是因为他不得不这样做。这样看来，掩饰也是一门在必要时候不能缺少的成功术。

掩饰住自己、掩饰住真相，是李鸿章做事的一套策略。与之相关，远近结合、忽躲忽闪是李鸿章为人处事的一大技巧，因为他心中有自己的目的，需要靠这种技巧来加以辅助。在突破人生困境时，需要一定的技巧，当然这种技巧不能显露，必须深藏不露，达到掩饰真相的效果，尤其是人与人之间的较量。

做官不懂中庸之法，难免招致意外灾祸

周亚夫是汉朝开国将军周勃的儿子，可以算是名将之后，他通晓兵法，善于治军，也可以说是一代名将，只因为他不谙官场中的人情世故，不精通做官之奥妙，终于落得个饿死的悲惨下场。

周亚夫为人耿直，不懂变通，虽然不致使皇帝厌恶，却也并不让人喜欢。司马迁的《史记·绛侯周勃世家》有一段详细真实的描述，极能说明当时的情形，大致如下：

汉文帝亲自到军中去慰劳军士，车驾直接驰进宫门，无人阻拦，将军以下的各将领都乘马出来迎接。

等到了细柳营，只是看见军吏士卒都手拿利刀、身披铠甲，机弩上也搭着箭支。天子的先行官来到营门，马上被军士挡住，没有进去，便对守营门的军吏说：“天子立即驾到了！”守卫营门的都尉却说：“军营中只听将军的号令，不闻有天子的诏命，将军曾经严肃告诫过。”过了一会儿，天子的车驾到了，但是军吏还是不开门，文帝没办法，只能派人拿着天子的符节去拜见周亚夫说“天子要亲自劳军”。周亚夫这才传命打开营门。守门的军吏又对天子的随从说：“将军有规定，军营中无论谁的车马都不可以奔驰，违命者斩。”因此，天子只得让人按着马缰绳慢慢地向前走。

等到了营内，周亚夫还是没有跪拜迎接，他身穿盔甲，对文帝长揖道：“臣甲胄在身，不可以下拜，请以军中之礼相见。”汉文帝终于被周亚夫的这种精神所感动，他起身扶着车前的横木，改变了原来严肃的面容，并派人向周亚夫称谢说：“皇帝恭敬地慰劳将军。”慰劳结束以后，天子的车马随后离开了。

随行的大臣看到这种情景，都为周亚夫捏了一把汗。因为周亚夫虽然是为国治军，为汉室江山治军，并且并没有越轨之处，但毕竟对皇帝显得有点傲慢无礼，不比其他的军营显得隆重恭敬。

谁知汉文帝在看完了周亚夫的细柳营后，却十分感慨地说：“这才是真正的将军啊！先前霸上的驻军和棘门的驻军，同周亚夫的细柳营一比，真如儿戏一样。那两位将军，是十分容易被袭破而俘虏的，对于周亚夫将军，谁能打败他呢！”大臣们听到文帝这样称赞周亚夫，才放下了心。

多亏汉文帝是一代明君，他虽对周亚夫有隐隐的不快之感，但是因为他能控制自己，能从国家大事考虑，还不会表现出来，甚至在临死的时候对太子刘启（即后来的汉景帝）

说道：“假如将来国家发生了急难，尤其是有人叛乱时，周亚夫可以委以重任。”

果然，汉景帝初年，晁错创议削藩，导致早就有企图的吴、楚等七国联合叛乱。危机之时，汉景帝忽然想起了文帝临死前说的话，在站列两边的群臣中找出周亚夫，授他太尉之职，让他指挥军队前去平叛。周亚夫既没有推辞，又没有谦让，只是接受任务，也没有其他言语。

汉景帝虽然找到了一位愿意前去平叛的将军，觉得高兴，但是同时又觉得周亚夫有些傲慢，可是有点不十分尊重或是看不起自己这个年轻的皇帝。周亚夫也确实没有辜负景帝之望，出兵之后，屡破敌计，屡设奇谋，只有三个月，吴王刘濞被杀，吴、楚叛乱被平定。吴、楚是叛军主力，他们失败后，其他的五国也在汉将的进击之下节节败退，没用过多时间，作乱藩王或是自杀，或是伏诛，七国叛乱很快就平定了。

平定七国叛乱，周亚夫功劳非常大，赢得了人们的一致称誉，汉景帝也重用了他。景帝前元七年（前150），周亚夫被擢升为丞相，丞相为文官之长，帮助天子处理各种事情，职位是非常显要的，但是弄不好也非常容易把自己陷进去，像周亚夫这种性格，绝对干不长久。

首先找周亚夫麻烦的人就是梁王刘武。刘武与景帝同为窦太后所生，是一奶同胞的兄弟，而且只有这兄弟两人。窦太后十分宠爱小儿子刘武，对他“赏赐不可胜道”，刘武自己也时常“入则侍景帝周辇，出则同车游猎”。但是就是这样一个人物，却恨上了周亚夫，这恐怕就埋下了祸根。

梁王刘武之所以恨周亚夫，还是因为公事。当时，周亚夫主持平叛，率领军队开到了河南一带，吴、楚联军正全力攻梁，周亚夫等人分析了形势，以为吴、楚联军锐气正盛，

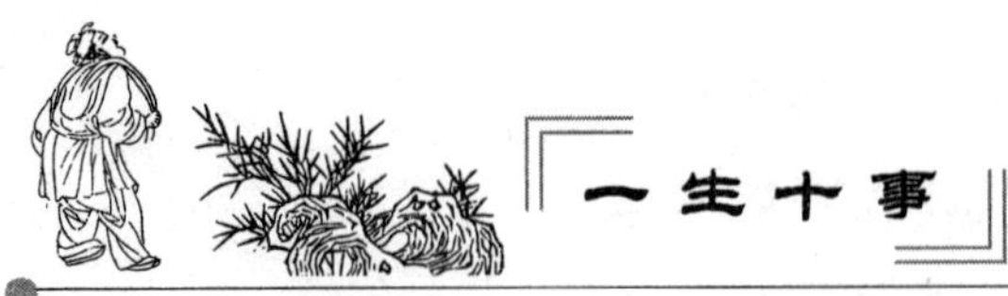

汉军难与争锋，决定把梁交给吴、楚联军，任意由他们攻打。梁王向汉景帝求救，景帝也命周亚夫援梁，但是周亚夫给他来了个“不奉诏”，而是派骑兵截断了吴、楚联军的粮道。吴、楚联军久攻不下，锐气尽失，又断粮草，被迫找汉军主力决战，周亚夫则深沟壁垒，养精蓄锐，一举打败了吴、楚联军。尽管平叛胜利了，但是还是同梁国结了怨。

周亚夫只知谋国，不知谋身，终使梁王怨恨。所以，梁王每逢入朝，经常同母亲窦太后说起周亚夫，极尽中伤诬陷之能事。时间一长，假话也成真话，何况梁王所说并不是假话，只是对事实的理解不合实际而已。窦太后听信了梁王的谗毁，经常向景帝说周亚夫的坏话。

景帝前元四年（前 153），立长子刘荣为皇太子，但是因为他的母栗姬逐渐失宠，景帝就想废掉太子，另外立王皇后之子刘彻为太子。在中国的封建社会，立太子是很大的事，毕竟将来国家社稷的命运在很大程度上都握在他一个人的手里，如果不小心，就会引起空前的灾难，况且废长立幼通常是不允许的。周亚夫刚刚登相位，觉得太子没有过失，随意废立，会引起混乱。周亚夫秉性直爽，不懂劝谏艺术，对景帝“固争之”，同景帝发生了争执。此后景帝说废立太子是家里的事，不用外人插手，周亚夫这才没办法只好罢休。周亚夫的劝谏不但没有能说服景帝，反倒使景帝觉得他太过张狂，太蔑视皇帝，因此深为愤怒。

景帝中元三年（前 147），窦太后要景帝封王皇后的哥哥王信为侯。王皇后为人乖巧，非常讨好窦太后，因此博得了窦太后的欢心，保住了地位。至于封外戚为侯，并不是无先例，但景帝估计周亚夫不会答应，就先去找他做工作。结果，周亚夫断然否决，他说：“高祖皇帝曾经并不是没有诸大臣歃

血盟誓：不是刘氏而王，非有功而侯，天下共击之。”周亚夫搬出高祖的话压人，倒还罢了，还直言不讳地说：“王信虽然是皇后的哥哥，并没有功劳，假如把他封了侯，那就是违反了高祖的规约。”这当然使景帝非常恼怒，只是周亚夫持之有故，言辞确凿，无懈可击，景帝才不好发火，只能“默然而沮”。

周亚夫阻止了王信封侯，但是从此加深了与景帝之间的矛盾，更加得罪了王信。梁王同王信过从甚密，又都非常恨周亚夫，于是，两人联手，内外夹攻，一起陷害周亚夫。

这件事发生之后，匈奴部酋六人来降，景帝十分高兴，并想把他们都封为列侯。其中有一人，是以前汉朝投降匈奴的将领卢绾的孙子，名叫它人。卢绾曾伺机南归，但是始终不得志，结果郁郁而死。卢绾的儿子也曾潜行入汉，病死在汉朝。卢它人乘隙南归，才有这六人来降。周亚夫觉得不能封卢它人为侯，于是对景帝说：“他的先人背弃了汉朝投降了匈奴，现在又背叛匈奴而投降了汉朝，陛下假如封这样的人做侯，那么又如何能责备做臣子的不忠于君主呢？”这次，景帝认为“丞相之议不可用”，断然拒绝了周亚夫的建议，封六人为侯。

其实，周亚夫的话不容易判断是对还是错，这本就是个公说公有理、婆说婆有理的事，要看具体情况而定。景帝拒绝周亚夫，并不全是出于他话的对与错，大多出于这样的心理：不能所有的都听你的，总得听我一次。周亚夫见景帝不答应，也还知趣，就上书称病辞官，景帝也不挽留，由他辞退。

假如事情到此了结，那也罢了，问题是周亚夫虽然得罪了景帝，又有功劳威望，景帝是不会对他放心的。一次，景

帝专门宣召周亚夫，想“考验”一下，看他是不是个知足的人。

一日，景帝特赐食给周亚夫。周亚夫虽然已免官，尚居都中，见召即到。周亚夫趋入宫中，见景帝一个人坐在那里，行了拜谒之礼，景帝跟他随便说了几句话，就命摆席。景帝让周亚夫一起吃饭，周亚夫也不好拒绝。只是席间并没有他人，只有一君一臣，周亚夫就感到有些惶惑，等他到了席前，发现自己面前只有一只酒杯，并没有筷子，菜肴又只是一整块大肉，不能进食。周亚夫觉得这是景帝在戏弄他，忍不住就想发火。转头看见了主席官，便对他说：“请拿双筷子来!”主席官早受了景帝的嘱咐，装聋作哑，站着不动。周亚夫正要再说的时候，景帝插话道：“这还没有满君意吗?”周亚夫一听，又愧又恨，只好起座下跪，脱下帽子谢罪。景帝才说了一个“起”字，周亚夫就起身而去，再也没有说话。假如，周亚夫能够圆滑一点，揣摸一下皇帝的心理，就不会发生后来的事情了。

几天过后，突然有使者到来，叫周亚夫入庭对簿。对簿就是当面质问，澄清事实，核实错误罪行。周亚夫一听，就知末日已经到了，但还不知犯了何罪。等周亚夫到了庭堂，问官递给他一封信，周亚夫阅后，没有头绪。原来周亚夫年事已高，要准备葬器之类，就让儿子去操办。买了五百副甲盾，原是为护丧使用，又有许多朝廷使用的木料等，也许是周亚夫的儿子喜欢占便宜，也买了下来，他使佣工拉回家去，又没有给钱，使得佣工怀恨在心上疏诬陷。景帝见书非常恼怒，正好借机找茬，派人讯问。

周亚夫根本不知道这些事情，无从对答。问官还以为他倔强不服，就报告了景帝。景帝生气地骂道：“我为何非要他

对答呢？”就把他交大理寺审讯。周亚夫入狱，其子惊问是什么原因，等弄清了原委，才慌忙禀告父亲。周亚夫听了之后，无话可说，只是长叹了一口气。

大理寺当堂审讯，问道：“你为什么要谋反呢？”周亚夫说：“我的儿子所买的东西全系丧葬所用，怎能谈得上谋反呢？”

大理寺卿没有话可说，但是又知皇上想置其于死地，一定要找个借口，于是发出了石破天惊之判词：“你就是不在地上谋反，也想死了以后在地下谋反。”周亚夫一听，完全明白是怎么一回事，想加罪，还怕没有理由，再也没有话可以说。被关入狱中后，他五日不吃，绝食而死。一代名将竟落此下场！

[成功秘要]

性情耿直、“不识抬举”的周亚夫，为自己的懵懵懂懂、莽莽撞撞付出了这么重的代价。不知道中庸之法的臣子，到死的时候，不知是不是会想到世上没有“后悔药”！

在朝廷事君，如果有不小心，轻则丧命，重则丧家，要不还有族诛之祸。因此历史上一些能臣，不懂中庸之法，虽然一心为皇上效力，但是事君乏术，最后落得悲惨下场。

根据变化制订对策，把握先机

和珅在朝为官，避免不了地要遇到和自己不睦的同僚。对于那些官职低微，无势力助量小的官员，和珅总是想办法让他们丢官弃职，排挤出官场。但是对那些根底深厚，有能力同他抗衡的朝廷大员们，和珅也有办法，让他们在应接不

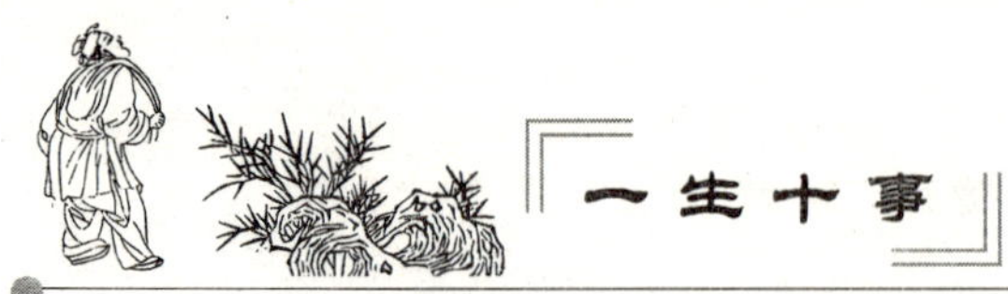

暇的政事中疲于奔命，没有时间同他相争。

在和珅的同僚中，他最为厌恶的也许就是阿桂。阿桂，姓章佳氏，字广庭，他的父亲是大学士阿克敦，阿桂在乾隆三年（1738）考中举人，乾隆十三年（1748）也就是跟随当时的兵部尚书班年参加平定大小金川的叛乱，后来经过累次升迁，在乾隆二十六年（1761）的时候被任命为内阁大臣、工部尚书，驻扎在伊犁。

从此之后，阿桂在朝中的地位越来越高，等到和珅飞黄腾达的时候，阿桂早已经是乾隆朝没人可以替代的一位重臣了。乾隆也深知阿桂身经百战，功勋卓著，因此对他非常器重，虽然和珅在乾隆面前能争得宠信，但是聪明的人还是可以看出来，乾隆真正倚仗的还是能征善战、足智多谋的阿桂。

乾隆四十六年（1781）甘肃省境内撒拉尔回教的新旧两支教派发生矛盾，清政府派兵支持老教镇压新教，新教教民奋起反抗，在苏四十三的领导下发动了起义，一时间波及兰州，形势紧急。消息传到朝中，乾隆下令命额驸拉旺多尔济，带领侍卫内大臣海兰察、护军额森特带兵征付，让和珅为钦差大臣，前去督军。和珅正暗自得意于皇上如此信任自己的时候，乾隆略一沉吟，又把和珅召了回来，把命令改成和珅同大学士阿桂一起督军甘肃，和珅先行，等阿桂到达甘肃后，和珅听从阿桂意见。这件事让和珅抱怨很久，这不是显然表明乾隆怕和珅能力不充分，心里面更加倚重阿桂吗？不只乾隆是这样，就连军中的战将也都瞧不起和珅。史书中记载，和珅到达甘肃以后，急于求胜，强令海兰察等人进攻起义军，结果因准备不充分，地势险要，遭到起义军的痛击，反倒被起义军占领了险要道口。等到阿桂到达甘肃，和珅反咬一口，把失败的责任全都归于将领不听调遣，阿桂听了以后，马上

升帐派兵，各将领都听从号令，不见一丝不敬，阿桂转身问和珅，和大人不是说诸将不听从调遣吗，这又是什么原因？和珅更加怀恨在心了。

所以，和珅对阿桂的嫉妒、怨恨由来已久，又没有能力彻底整倒阿桂，只有想办法不让阿桂留在京城，让他全国各地四处奔波。阿桂平定了甘肃的起义之后，乾隆又马上下令命他在甘肃查清“捐监”一案，审理王直望等人的贪污问题，接着阿桂又被调往黄河，治理黄河在河南青龙冈一带的决口，赈济灾民，修筑堤坝。过了一段时间，浙江又爆出了陈辉祖贪污的案件，阿桂风尘仆仆，连忙赶去处理。从此，阿桂几乎没有在京城呆过，整年在各地奔波。阿桂对国家十分忠心，也不辞劳苦，为了国家还是没有怨言。只是阿桂早就知道和珅是朝廷的一大祸害，想为国为民除害，但是没有如愿。

据洪亮吉在他的《书文成遗事》中记载：嘉庆元年(1796)，阿桂年逾八旬，身染重病，在病中对家人说：“我年八十，可死；位将相，恩遇不可比，可死；子若孙皆佐部务，无所不足，可死；忍死以待者，实欲待皇上亲政，犬马之意得一上达。”

阿桂一生，戎马倥偬，无怨无悔，唯一遗憾的是不能亲眼看到嘉庆帝亲政，辅佐他亲手为国翦除和珅这一大祸患。阿桂结果还是没有等到那一天，在嘉庆二年（1797）八月，他81岁之际，郁郁而终，此时距乾隆驾崩，嘉庆查抄和珅还有整整两年时间。

假如说阿桂是凭着累累战功同和珅抗衡，那福康安就是除凭着军功外还有显赫的出身，但是依然不是和珅的对手。福康安系出名门，他的父亲傅恒是乾隆的名臣官拜大学士；他的姑姑是乾隆帝的孝贤皇后；福康安也是身经百战的大将

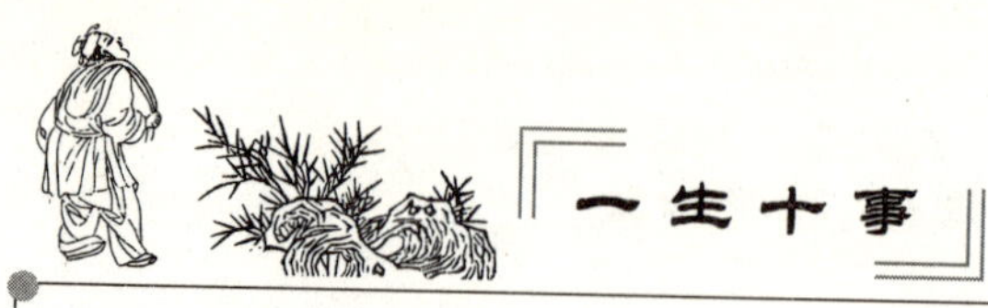

军，曾历任桂林、成都、盛京将军，以及云贵、四川、两广、闽浙的总督，镇守各处重要的边陲省份，乾隆对他的赏识不亚于阿桂，给了他非同一般的荣誉。封他为太子太保、一等嘉勇忠锐公和郡王贝子。

乾隆末年，台湾林爽文率兵起义，清政府派去的将领常青没有才能，每次打仗都失败，致使起义军的声势逐渐增大，沿海诸省的民众也群起响应，搞得全国上下人心惶惶。和珅见状，忙向乾隆推荐任福康安为主帅，去平定台湾叛乱。乾隆于是把远在甘肃，时任陕甘总督的福康安调到福建。任命他作为将军，率湖南、湖北、贵州等地增援的绿营兵各2000人，连同福建原有的几万大军，攻打起义军，福康安明知台湾一战凶险异常，但是不敢抗旨不遵，只得领兵前去，和珅把台湾这一困难的局面很容易地就抛给福康安。但是福康安果然凭着丰富的作战经验，与起义军在丛山密林中周旋，经过一年的苦战才平定了起义，擒获义军首领林爽文。

和珅对福康安采用了与对付阿桂同样的办法，设法长年将他安排外任，如此，满朝中就再找不到一个可以同他一争高下的人，和珅得以一手遮天，横行没有顾虑。

[成功秘要]

当情况发生变化的时候，要根据变化，适时做出反应，从而把握先机，争取主动，争取最后的胜利。

识：

慧眼识人，疏通关系

广交朋友，善处关系，是一条十分有效的获得成功的途径。在社会交往中，你会遇到形形色色的人，常言说："宁可不识货，不可不识人。"你要善于识人，才能知道什么人会为自己所用，和谁能成为真正的朋友。这样，你才能够在竞争中始终处于一种领先地位，永远立于不败之地，取得事业上的成功。

储蓄人情，是事业成功的基础

胡雪岩资助王有龄正是"雪里送炭"。照胡雪岩的话说就是："我看你好比虎落平阳，英雄末路，心里非常难过，一定要拉你一把，这样才睡得着觉。"还有的记述讲得更明白。胡雪岩对王有龄说："吾尝读相人书，君骨法当贵，吾为东君收某五百金在此，请以畀子。"

可以说，胡雪岩"雪里送炭"得冒风险，因为胡雪岩实际上是挪用了东家的钱来帮助王有龄的。所以王有龄担心自己一旦用钱，连累胡雪岩。胡雪岩的回答非常着实："子毋然，吾自有说。我没有家只一命，就算索去对你也没有好处，而坐失五百金无着，彼必不为。请放心持去，得意速还，毋相忘也。"要钱没有，要命一条。既然能做出这种打算，可看出胡雪岩主意一定，这个忙是一定要帮的。胡雪岩的这一次"雪里送炭"奠定了他成功的基础。

这种"雪里送炭"的手段，在中国传统生活中颇为流行。旧社会上海滩上的黄金荣，便识蒋介石于患难的时候，他不但代蒋了结了数千元债务，而且同时资助蒋一笔旅费，让蒋得以投奔广州。

后来蒋介石政界发迹，黄金荣的地位也就无人敢动摇了。

杜月笙交戴笠也是这样，戴从小是个无赖，靠摆小摊骗钱度日，为警察所追捕，后来混到上海，也是在流氓群中做些无本"生意"。

实际上，杜月笙已经跨进黄金荣的大门，和戴一见面，就认为戴是个"人才"，倾心结纳，不久就结为兄弟。后来戴仕途遇阻，一度陷入一文不名的困境，于是去求杜帮忙。那时，杜月笙已经是上海首屈一指的阔人了。但是顾念旧情，一次给了他五十元。

钱用完了，杜又给他五十元。戴笠对杜的“慧眼识英雄”，没有忘记，在他后来炙手可热，杀人不眨眼的时候，经常对部下提起往事，称道杜“古道热肠”，是他生平知己之一。每次去沪，一定同这位盟兄亲密地共商大计。

“雪里送炭”的另一种情形是善结交下台人以及失意文人。也许会有人结交或有意帮助还没有发达之人，但是很少有人看重已经失势之人。胡雪岩并不是这样。宝森因为政绩平庸，被当时的四川巡抚丁宝桢以“才堪大用”的奏折形式，借朝廷之手体面地把他“请”出了四川。

宝森闲居在京，天天呼朋唤友，吟酒品茶泡赌场，看上去很是悠闲，其实心中非常落寞。胡雪岩就特意拜访，劝说他到上海一游，费用全部由胡雪岩包了。

宝森因为旗人身份限制，在京玩得非常不过瘾，于是随了胡雪岩去游上海，逛杭州，猜拳狎妓，游山玩水，非常痛快。于是把胡雪岩当成密友，以后每当碰到大事，一定自告奋勇，帮助胡雪岩在京城通融一番。

阜康钱庄开业不久，胡雪岩就遇到了这样一件事：浙江藩司麟桂捎了个信来，想找阜康钱庄暂时借两万两银子，胡雪岩对麟桂也只是听说而已，平时没有交往，而且胡雪岩听官府里的知情人士说，麟桂就要调离浙江，这次借钱很可能是用于填补他在财政的空缺。而且此时的阜康刚刚开业，包括同业庆贺送来的“堆花”也不过只有四万现银。

这一下可让胡雪岩左右为难，假如借了，人家一跑，那不是拿钱往水里扔？就算人家不赖账，像胡雪岩这般的人，

也不可以整天跑到人家官府去逼债。两万两银子，对阜康来说也是一个很大的损失。

俗话说“人在人情在，人去人情坏”，一般钱庄的普通老板大约会打马虎眼，阳奉阴违一番，四两拨千斤，几句空话应付过去。不是“小号本小利薄，没有能力担此大任”，就是“创业不久，根基浮动，委实调度不动”。但是，就算肯出钱救麟桂之急，也是利上加利，活生生把那麟桂剥掉几层皮。

但是胡雪岩的想法却是：如果在人家困难的时候，帮着解了围，人家当然不会忘记，到时利用手中的权势，行个方便，怎会担心五万两银子拿不回来？据知情人透露，麟桂这个人并不是那种欠债不还、要死皮赖脸的人，现在他要调任，他不想把财政空缺的把柄让人抓住，影响他仕途的发展，所以急需这些钱来解决燃眉之急。

想明白后，胡雪岩决定“雪里送炭”。他不惜动用钱庄的“堆花”款项以超低利率，悉数贷给麟桂，这样做，钱庄大伙刘庆生有些不解，胡雪岩则说：“调度，调度，做生意讲究的就是调度，所说的‘调’，就是调得动，所说的‘度’，就是预算。生意要做得活络，有进有出，何时候有银子进来，何银子该用出去，要有计划。银子调来调去，只要不穿帮崩盘就可以。”

胡雪岩这一宝，算是押对了。在麟桂临走前，送了阜康钱庄三样礼物。

第一，得到名目，请朝廷户部明令褒扬阜康，这就算是浙江省政府请中央财政部，发个正字标记给阜康，不仅在浙江提高阜康的名声，而且将来京里户部以及浙江省之间的公款往来，也委托阜康办理汇兑。

第二，浙江省额外增收，支援江苏省戡剿太平天国的“协饷”，也委由阜康办理汇兑。

第三，将来江苏省同浙江省公款往来，也由阜康经手。

这样的一招“烧冷灶”，使得胡雪岩的阜康钱庄不担心没有生意做，还将生意做到了上海以及江苏去。“烧冷灶”的利益回报，一下就显出来。

胡雪岩除了给地方“雪里送炭”，还给朝廷“雪里送炭”。话说胡雪岩开设阜康钱庄不久，朝廷军兴，需财亟亟，因而户部（也就是清廷的财政部）乃发行“官票”。

看上去，朝廷规定“愿将官票兑换为银票，与银一律”，但是，如果朝廷节制，官票适度发行，结果也罢了；假如官票无限制滥发，则现银有限，官票无数；届时官票一定大幅贬值。

清廷户部非常狡猾，通令各省布政使司衙门（也就是省库），每省吃下官票若干。之后，再由各省布政使司衙门，通令省内钱庄和票号等民间金融机构，强行分摊，全数吃下官票。也就是，朝廷凭空发行纸钞（亦即官票），强制兑换民间现银。

可以讲，正常人对这种做法全都忧心忡忡，十分担心将来票多银少，自己吃亏。杭州城里大大小小钱庄业者，没有一个不是哭丧着脸，大伙在钱庄公会里开会，讨论对策。那次同业聚会，胡雪岩没有参加，但是他事前明白告诉阜康钱庄档手刘庆生：“我们现在做生意，就是要帮官军打胜仗。只要是能帮官军打胜仗的生意，我们全做，就算是赔钱生意，也要做。这不是亏本，是提前放资本下去，有朝一日官军打了胜仗，天下一太平，到时候什么生意不好做？到时候，我们是出过力的，公家当然会报答我们，做生意任何地方都

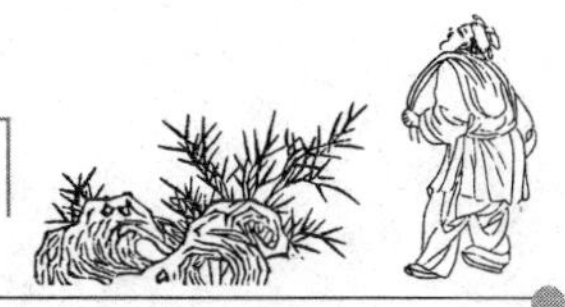

方便。”

正因为胡雪岩这样指示，刘庆生甚至是杭州城钱庄公会中，抢先吃下额度允诺一万五千两现银，兑换官票。事实证明胡雪岩是对的。清廷打败太平军后，因为阜康率先承销官票有功劳，特意下旨褒奖，因此阜康名震京城。

胡雪岩善于拉拢部分失意的官僚文人充当谋士，非常有孟尝君遗风，许乃钊就是其一。胡雪岩对他执礼甚恭，专门去函，盛赞他的政绩政声，然后历诉浙江民众疾苦，还有当时面临的各种窘境，表现出虚心求教的样子，许乃钊被他所感，忠心耿耿为其服务而不自觉。

当然，胡雪岩经常暗中给许乃钊打打牙祭，让许有知遇之感。又比如落魄文人裘丰言，胡雪岩遇到节一定送礼金，让裘丰言非常感激。正因为如此，时人盛赞其有“春秋”策上风度。

当然，“雪里送炭”也不是逢人就雪里送炭，而是放出眼光，择其有资望者，或将来一定会起用之日者，殷勤接纳，时相探望，慰其寂寥，解其困难，让彼心中感动，当你是“雪中送炭”的君子。有朝一日，先前的投资，就可以得厚利了。

患难见真情，胡雪岩屡出义举，也许并不是源于本性，更加重要的是他深知“雪里送炭”的作用，明白先给别人面子，然后再从别人那里要面子的道理。

[成功秘要]

怎样搞好人际关系，是有许多学问的。比如，如何去对待那些急需要帮助的人，学问就非常大，你可以置之不理，不管他死活；你也可以热情相助，以图回报。前者眼光短浅，后者眼光远大。如果一个处于穷困潦倒的人受到你的帮助，他在成功的时候，最容易记住和报答的就是你。胡雪岩把这种“雪里送炭”的方法，变成了“烧冷灶”。

要妥善处理好家庭关系

战国末年，楚国的实权落在春申君黄歇手中。他是非常有名的“四公子”之一，广泛结交朋友，而且有食客近千人，呼风唤雨，十分得意。他治国得手，但治家没有方法。正妻甲和小妾余整天争宠吵闹，搅得家无宁日。从心里讲，春申君是宠爱妾余的，她聪明乖巧，鬼点子多，会讨自己欢心。妻甲呢？虽然人老珠黄，但是同自己一同度过了漫长的艰辛岁月，如今富贵加身了，也应有她一份“苦劳”，所以春申君也不想抛弃她。

妾余看到丈夫摇摆不定，便使出歪点子。一天，她故意找茬同妻甲对骂了半天，估计着春申君要回来了，就跑回自己屋中，把手臂上、脸上抓得血肉模糊，然后跑出房来，正被春申君撞见。

春申君看见爱妾变成如此模样，非常心疼，连忙问怎么回事。妾余边哭边讲，眼泪直往下淌，说妻甲容不得她，要置她于死地。但是死于妻甲之手，还不如死在丈夫面前，说着就装出撞墙的架势，被春申君一把抱住。

春申君气愤之余，把妻甲大骂一顿，不允许她分辩，赶了出去，让她回娘家去住。一步得逞，妾余还是不甘心。

因为妻甲的亲生儿子还在，日后他一旦掌了家权，一定

不会有自己的好果子吃。干脆，一不做二不休，把他也除掉，这样就可以巩固自己的地位。主意已定，妾余又开始了她的第二步计划。瞅准春申君外出，而且妻甲之子在家时，妾余自己扯破了衣服，算计着春申君快回来了，于是趴在床上哭。

春申君回家见爱妾掩面埋头大哭，连忙问原因。妾余把胸前腰间的破衣服递给春申君看，说："你那宝贝儿子干的好事！看准你不在家，对我动手动脚，想行非礼……"春申君是个醋坛子，一气之下，命令手下人把儿子也赶出家门。妾余实现了她的愿望，当起"正宫娘娘"来了。

妾余尽管是实现了自己的愿望，可是，她这样破坏家庭的关系，到最后也没有什么好下场，同样也是不会得到什么幸福的。因此这里规劝大家，家和万事兴！

[成功秘要]

如果一个人把家庭关系搞得很差，整天生活在家庭纠纷的痛苦中，那么想必他肯定不会有什么大的作为的。

善结天下名士，树立超群形象

汉代用人，十分重视舆论的评价，其取用的标准，主要是按照地方上的评议也就是所说的清议，实际上就是一种舆论方面的鉴定。被舆论称誉的士人，才有可能成为征辟察举的对象。

由于品评人物的风气很盛，有些人就成了清议权威，鉴定人才的专家，被喻为天下名士，他们对人物的褒贬，在很大程度上能够左右地方上的舆论，因此影响到士人的仕途

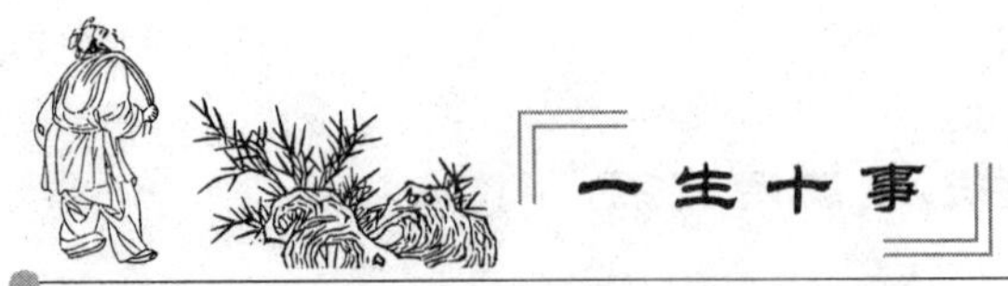

进退。

士子们为了取得清议的赞誉，就只好进行广泛的社交活动，寻师访友，以展示并提高自己的才学和声名，引起人们的注意和好感。

尤其注意博取清议权威的赞誉，而且有些清议权威终日宾客盈门，有时还出现了求名者不远千里而至的情况。曹操对于这种形势，有着极为清醒的认识，所以他特别注意结交名士，竭力争取他们的支持。

为了达到攀升的目的，曹操主要通过两种方法努力。一是与一些年轻的名士做朋友；二是向一些年长的名士请教。这样有利于争取名士对自己的了解和帮助，凭这些提高自己的名声，扩大自己的影响，他知道自己的宦官家庭出身，为广大士人所蔑视，因此很注意树立自己不同宦官腐朽势力同流合污的形象。

曹操在少年时就同袁绍相交，但是两个人之间总有一些隔阂。及至袁绍、袁术的母亲死后归葬汝南时，曹操还是不计前嫌地去参加葬礼。

颍川李瓒是“党人”领袖李膺之子，后来做过东平国相(如同郡守)。曹操与他交往，彼此了解非常深。

李瓒十分赞赏曹操的才能，临就时对儿子李宣说：“国家要大乱，天下英雄没有一个人能超过曹操的，张孟卓（张邈）是我的朋友，袁本初（袁绍）是你的外亲，尽管如此，你也不要去依附他们，必须去投靠曹操。”后来李瓒的几个儿子遵从父命，果然在乱世中保全了性命。

南阳何颙，字伯求，年轻时游学洛阳，与郭泰、贾彪等太学生首领交好，非常有名气。好友卢伟高父亲临终时，何颙前去问候，知道他的父亲有仇还没有报，于是帮助卢伟高

复了仇，而且还将仇人的头拿来在他父亲墓前祭奠，非常侠义。

何颙和大官僚士大夫“党人”陈蕃、李膺相好。陈蕃、李膺被宦官杀害后，何颙因此受了牵连，在被拘捕之列，于是改姓名逃到汝南躲了起来。袁绍慕其名，暗地里与其交往。何颙经常潜入洛阳与袁绍计议，解救“党人”。

曹操在这期间也和何颙有来往，谈孔学，论百家，说《诗经》，讲兵法，头头是道。分析评论现实的派别斗争、党锢之祸，十分有见地，表现出学识渊博而且有济世之才。何颙暗地对别人说：“汉家将要灭亡，能够安天下的，一定是这个人了。”曹操听到后，十分感激。

从此以后，曹操在士人中的名声就越来越大。

在当时的诸多名士中，许劭是一个十分有影响的人物，谁要是获得他的好评，则对自己的仕途产生非常有利的影响，曹操为了取得许劭的好评，先去拜访在评议界非常有声望的大名士桥玄。

桥玄，字公祖，梁国雅阳人。历任县功曹、国相、太守、司徒长史、将作大匠、少府、大鸿胪、司空、司徒、尚书令等职。光和元年（178），升任太尉。以刚毅果断著称，敢于打击豪强贪官。自己则廉洁自守，虽然身居要职，但是子弟宗亲没有一个凭借关系做上大官的。家贫而且没有产业，去世后，竟然难以殡葬，当时的人们为此将他称为名臣。桥玄礼贤下士，善于观察和品评人物，在清议界也享有很高的声望。曹操慕名前往，桥玄同他接谈后，感到曹操非常不平常，说：“现在天下将要变乱，不是经邦济世的人才是不可能使天下安定下来的。能够安定天下的，只有你了。”

停了一下，又说：“我见过的天下名士非常多，没有一个

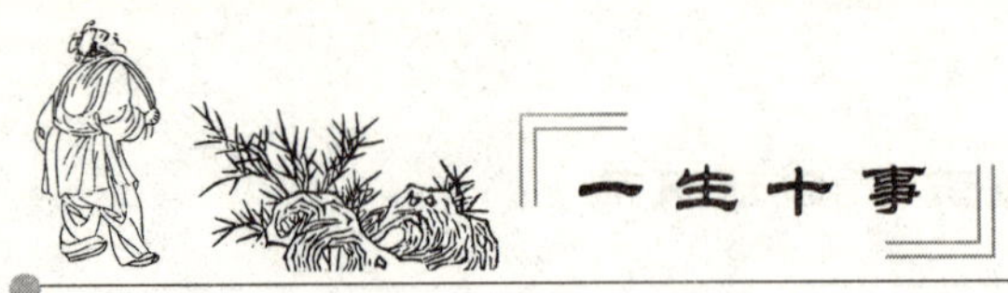

是像你这样的。你要好好努力。我已经老了，想把妻子儿女托付给你。”

曹操听了，十分感激，把这位老前辈引为知己。桥玄觉得曹操无名气，又劝他去结交许劭。

许劭，字子将，汝南平舆人。以名节自我尊崇，不愿意应召出来做官。善于辨别、评述人物，当时人们推举清议的权威，没有不把他和太原郭泰作为代表。谁要是得到许劭的赞誉，谁就能够“声”价倍增。许劭常在每月的初一，把本乡的人物重新评议一番，叫做“月旦评”。曹操因为桥玄的推荐，也由于自己对许劭慕名已经很久，所以不只一次带着厚礼、陪着笑脸去拜访许劭，请求许劭对自己称誉一番。许劭一方面感到曹操与众不同，另一方面大概对曹操那些飞鹰走狗的做法有所了解，不大看得起他，所以没有回答。曹操却是决不放弃，坚持着自己的要求，最后还找了个机会对许劭进行胁迫。许劭没有办法，只好说：“你是一个太平时代的能臣，动乱时代的奸雄。”

曹操听了这个评语，感到十分得意，哈哈大笑着离去了。

由此可见，曹操为了达到自己的目的，有时甚至是不择手段。不过，他在寻觅知己的过程中，也有碰钉子的时候。南阳宗世林，非常看不起曹操的为人。曹操20岁时，几次登门，想同宗世林交个朋友，因为宾客满座，没有说话的机会。后来，宗世林起身外出，曹操乘机上前将他拦住，握住他的手，表达了自己的愿望。不料宗世林一点情面也不给，直接拒绝了曹操的要求。后来，曹操当了司空，总揽朝政，大权在握，又把宗世林请来，得意地问道：

“现在我们可以交个朋友了吧？”

宗世林却不动声色地回答：

“松柏之志犹存。”

可见，宗世林对曹操是一直抱有成见的。

曹操能够得到众多名士的推许，也不是偶然的。汉代清议的标准，尽管以名教为依归，也就是一个人一定要读经习礼，砥砺品行，随时注意修饰自己的言谈风度。但是一个人才能突出，也能得到清议的重视，尤其是在经学日渐衰微的汉末，才能显示出越来越多的价值。曹操在品行方面是没有很多的东西值得称道的，但是他的才能在当时十分突出。他的观察力和随机应变的能力，他的机警、智慧和谋略，他的干练和果敢精神，都是一笔令人羡慕的财富，在乱世十分有用。他手不释卷，但是不读那些没有用的书，尤其不愿走成千上万的汉儒曾经走过的那条皓首穷经的道路。他不专读儒家的书，诸子百家的书他全都要浏览一番，把有用的东西加以吸取。尤其喜欢兵法，当时在军事方面已经发表过很多独到的见解。这些，都是他获得清议好评的原因。除此之外，当然还跟他个人不懈的努力有关。曹操力图改变自己的形象以及社会地位，打进在统治集团中虽然一时还没有占据优势但潜力却非常大的士大夫集团中去，千方百计寻求同名士交往的机会，竭力争取他们的理解以及支持。

由于争取到了众多名士替自己颂扬名誉，曹操引起了士大夫集团非常广泛的注意，这对他步入仕途、崛起攀升起了非常大的作用。

曹操入流之所以成功，就是善借人脉关系。可以这么说，人脉关系在任何一个年代都不可忽视。所说的借力就是要在人际关系中左右开弓，把朋友变成一种资源。关键时刻，得其相助，为自己的仕途发展推波助澜。

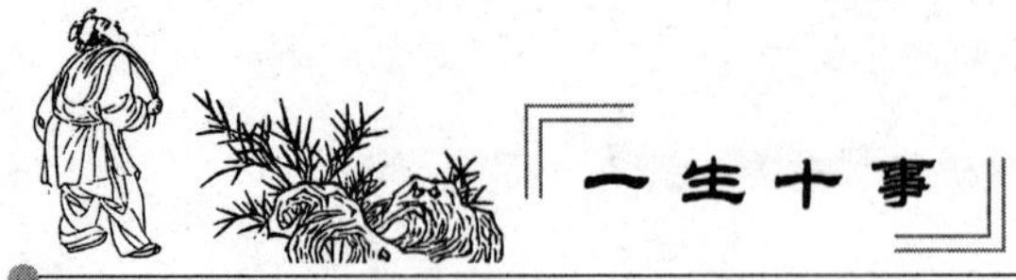

[成功秘要]

在古代官场，一个人的声誉好不好可以决定他的官运浮沉，曹操初入官场时，千方百计寻求同名士交往的机会，树立自己全方面超群的形象，采取良好的清议评判，使自己成功地迈入社会名流之列。

不要忽视你身边的每一个人

正确地找到自己的博弈对象是一场博弈完美进行的必要条件。在一些重大的博弈中我们都十分清楚地知道谁是我们的对手，从而能够非常好地进行决策。但是你生活的世界是一个复杂的世界，你的对手很多，就算是你的朋友，也说不定已经变成了你的对手；还有那来自不是人类的博弈对象，再加上一些潜在的博弈对手，如此繁杂，你能十分清楚而且丝毫不差地同时应付如此之多的博弈吗？

看过《鲁宾逊漂流记》的人都知道，鲁宾逊是一个孤独者，他生活在一个孤岛上，但是就算这样，他的博弈对象也是很多的。开始时是他和孤岛上的野兽、丛林和莫可名状的自然力在博弈；后来又加上了星期五；再后来……随着他逐渐摆脱孤独，他的博弈对手差不多是呈几何倍数增加。

不然你绝对地封闭自己，要不你永远都没办法回避一个问题，那就是你的对手是谁。其实这个问题在哲学上是很好解释的，因为万物都生活在矛盾之中，寻找你自己身边的矛盾，你就是在寻找你的对手。

而且更让你头痛的问题是：谁将成为你的下一个对手？

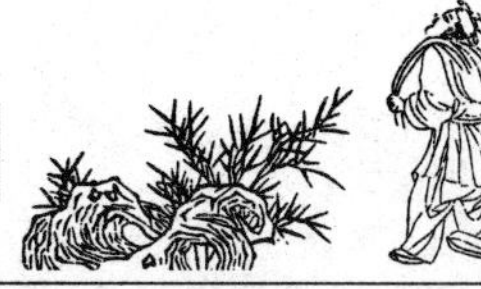

这个问题还可以说成是谁是你的潜在对手。潜在的对手也就是隐藏着的对手，他隐藏起来，是因为在你看来，他对你无足轻重，或者你对他充满着厌恶和鄙弃。这是很危险的做法，潜在的对手是比你强大得多的、更能让你痛苦的对手。

周勃是汉高祖刘邦的同乡，从刚开始就参加了刘邦所领导的起义，是最早的从龙大臣之一，从此以后随着刘邦千里转战，几次立了奇功，被封为绛侯（绛，古县名，在今山西侯马市一带）。他为人质朴敦厚，刘邦认为是一个可以委以重任的人。

结果，在刘邦死后，他为刘氏王朝立了一个非常大的功劳。原来刘邦死后，吕后专权，重用吕氏子弟，而对刘氏后代，或杀或贬，眼看着刘氏江山将要被吕氏取而代之。周勃此时尽管身为太尉，握有兵权，但是被吕氏子弟架空，而且他不动声色，暗地里串联一些拥护刘氏的大臣，等吕后一死，他便率先起事，闯入军营，号召道："我奉皇帝密诏，扫除吕氏，众位将士，效忠刘氏者袒露左臂，效忠吕氏者袒露右臂！"

一时间齐刷刷举起的都是赤裸裸健壮的左臂，他就率领这一支军队，清除了宫禁，迎来了刘邦的第五个儿子刘恒为皇帝，他就是汉文帝。可以说，导致刘氏江山重新稳定，皇统得以继承的，就是周勃，如果没有周勃，刘恒根本不会当上皇帝。

公元前 180 年，吕姓诸王被诛杀，文帝即位。这时绛侯周勃为丞相，位高权重，被文帝猜忌。公元前 177 年，周勃被免去丞相之职。

汉文帝在中国历史上可以说是一位非常厚道的皇帝，可他对周勃这样的大功臣难免有所猜忌。即位的时候，他不得

不对周勃予以丰厚赏，任命他为丞相，赐金5 000两，将他的封邑由8 280户增加到万户之多。但是不久他就对周勃说：“我命令全部被封为侯的人都回到自己的封地去，有的人十分不愿意离开京城，你是丞相，地位最为尊贵，你带个头吧。”

周勃回到绛县，在家中养老。一旦遇到河东（在今山西夏县西北）守尉巡视绛县，他都感到内心不安，担心被害，常常披甲迎见，家丁持械相护，以防不测。守尉只要见到这种情形，都感到惊疑。其中有一人，认为周勃心存反意，于是上疏告发。文帝对周勃原来就有防范之心，看见书后非常生气，马上诏令廷尉，将周勃捉拿入都，下狱候审。

周勃原无反意，被冤入狱，心中本含冤气。没想到，狱吏还常来勒索钱财。小小的狱吏竟敢来惹前任相国，真是虎落平阳被犬欺。周勃十分生气，当然没有办法出钱。狱吏见他不肯给好处，开始虐待他，给他吃粗食淡饭，经常打骂他。周勃无奈，只得拿出千金，分别贿赂各位狱吏。

狱吏得到重金，面目立刻大改，对这位老丞的态度转了180度。他们偷偷给周勃出主意，在一副竹简的背面写上几个字：“请以公主为证。”周勃的大儿媳是文帝之女昌平公主，即薄太后的孙女，狱吏给周勃出主意，要他想办法打通薄太后这一关节。周勃得到提醒，便给公主写信，公主又去向老太后求情。

薄太后去见文帝，同他说：“周勃为什么会谋反呢？他要是想谋反的话，当年诛杀吕氏之后就直接当皇帝了，还会轮到你吗？现在他屈居一个小小的绛县，手中既没有兵也没有钱，他还会谋反吗？”

文帝也觉得加给周勃的罪名非常勉强，接着说道：“我已经调查过了，周丞相确实没有谋反之意。”周勃这样才保住了

性命。

周勃出狱后，想起这次遭遇，当然是百感交集。特别是狱中的遭遇让他感慨：“我曾经统兵百万，但是不知道狱吏如此娇贵！”

[成功秘要]

要善待身边的每一个人。如果他不能成为你的朋友，那么他非常有可能就成为你的对手。

掌握说话的技巧很重要

春秋时，晋献公宠爱骊姬、少姬两个美貌的妃子，不惜强迫大批百姓，浪费大量钱财，建造非常豪华的九层高台供美人游玩。大臣们尽力劝阻，他置之不理，竟粗暴地下令说：“谁敢再谏，寡人一箭射死他！”各位大臣仰天叹息道：“晋之将亡，我们没有办法了。”他们既不忍国君害民误国，又没有勇气据理力争，围在宫门外一筹莫展。

此时，大夫荀息挺身而出，他要求见晋献公。晋献公听到还有人敢犯龙颜，当即张弓搭箭，怒冲冲地等在宫内，只要荀息开口劝谏，就把他射死在阶下。荀息拜见晋献公，行过君臣大礼，只字不谈建造九层高台一事，而是以轻松愉快的口气说：“臣近来新学得一个小技艺，愿表演给国君和诸位大人们，以博一笑。”

听说是表演技艺，晋献公怒气顿消，惊奇地问：“你会什么技艺？”荀息说：“臣能把12枚棋子堆起来，再往上面垒鸡蛋。”“这倒有趣！”晋献公放下弓箭，命侍从取来棋子以及鸡蛋，又吩咐宫门外的众臣们一起观看。荀息认真地表演，先把12枚棋子堆起，然后又把鸡蛋排放在上面，一层又一层地垒上去。旁边观看的人，害怕鸡蛋会掉下来，都紧张得屏住呼吸。就连晋献公看了摇摇欲坠的垒卵，也惊慌急促地叫道："危险，危险！"荀息又在垒高的鸡蛋上放下一只，接着慢慢地说："区区垒卵小技，算不上什么，还有比这更加危险的呢！"晋献公问："有什么比这危险，寡人倒想看看。"

荀息发现时机已经成熟，就不再表演，立起身子，十分沉痛地说："启禀国君，请让我进几句逆耳忠言，臣就算被处死也不后悔！自从您下令建造九层高台，三年而没有获成功，国内已经没有男人耕地，女人织布了。国家的库存耗损一空，邻近的楚国、齐国越来越虎视眈眈，假如举兵侵犯，晋国将依靠什么抵抗呢？国君只是知道建成高台可以纵情声色，但是不知晋国由此国弱民贫，形势同样危若垒卵啊！臣希望国君洗心革面，富国强兵，不再浪费国家财力，爱惜百姓血汗，请国君三思！"说完，荀息泪湿衣襟，各位大臣一起跪拜恳求，没有一个不痛心疾首。

晋献公见荀息说得合情合理，一片忠心婉转诚恳，这才省悟道："没想到，寡人的过失竟然达到这种程度了！"便接受了荀息以及大臣们的恳求，下令停止建造高台。

让我们再看另一则故事，是通过讽谏来救助同僚的故事。翟璜由于直言不讳获罪，任痤就通过讽谏来解救他。

故事发生在战国时期，魏文侯也称得上是一个贤明的君主，可他避免不了古代帝王的通病，就是喜欢奉承不喜欢批评。

有一天，他与群臣在闲聊，突然来了兴致，让臣下评论他的人品。大多数人都连忙奉承，说他是个仁厚的君主，道

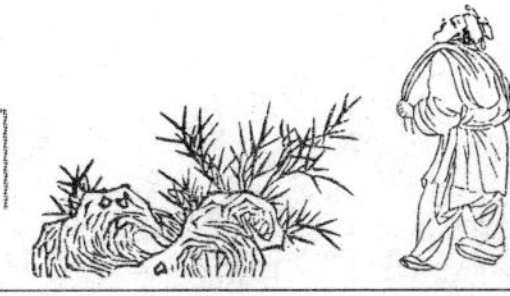

德高尚，只有翟璜等几个没开口。魏文侯觉得有煞风景，就点名道姓地问翟璜对自己的评价。

翟璜说："不知君上是想听真心话还是假话？"魏文侯知道他要讲不好听的了，但是自己又不能说让他讲假话，于是说："当然是听真心话。"翟璜果然正色讲道："您不是一位仁厚的国君。"魏文侯心中已经非常生气，却还佯装大度地问："怎么见得呢？"翟璜一点也不客气地说："你攻城得地，不用来分封给兄弟，却拿它来封给长子，这能算是一位有仁德的君主吗？"

魏文侯一听揭了他的老底，恼羞成怒，喝令手下人将翟璜赶出去！翟璜起身整衣，十分自然地走了。

魏文侯余怒未消，转头又问刚才没开口的任痤，让他评论自己。

任痤笑了笑说："君上是一位有仁德的君主。"魏文侯心中高兴，连忙问："何以见得？"任痤慢慢地答道："臣下听说，君上有仁德，朝中必有刚直之臣。刚才翟璜说得那么直，因此我认为君上是一位有德之君。"

魏文侯听了，脸上红一阵白一阵，听出任痤话中的讽谏之意。

他到底是位有手腕的政治家，顺水推舟地说："对，翟璜是位刚直之臣，有像他这样的人在朝辅政，我国才会兴旺发展。刚才寡人是考验一下他的忠诚。"马上派人传回翟璜，拜为上卿。

这种明是奉承，暗地里诤谏的方式，历史上称作讽谏。我们在日常生活中，也会时常用到这种方式，对待不同的人要用他们能够接受的方式去劝告他们，这样才可以达到预期的效果。对人说话一定要考虑到对方听了这些话后产生的反

应，要在充分考虑后果的基础上说话。所谓："良言一句三冬暖，恶语伤人六月寒。"可见，话说得不合适的后果是十分严重的。

[成功秘要]

对那些权贵之人或者长辈，建议在自己说话之前一定要考虑一下方式。可以设问对方一些最基本的事理，这些设问绝对会得到肯定的答复，当与对方在基本事理上达成一致，得到双方在心理和事理的相同和认同时，再陈述自己的看法，这样方可达到预期的目的。

读者调查表

尊敬的读者：

感谢您购买本册图书，为了今后为您提供更优秀的图书，请您抽出宝贵的时间将您的意见以下表的方式及时联系我们。

<table>
<tr><td>姓名</td><td></td><td>性别</td><td>□男　□女</td><td>年龄</td><td></td><td>职业</td><td></td></tr>
<tr><td>E—mail</td><td colspan="3"></td><td>电话</td><td colspan="3"></td></tr>
<tr><td>传真</td><td colspan="3"></td><td>通信
地址</td><td colspan="3"></td></tr>
<tr><td colspan="8">1. 您购买本书的理由(可多选)：
□封面封底　□价格　□内容提要、前言和目录　□书评广告　□作者名声
□正文内容　□其他</td></tr>
<tr><td colspan="8">2. 您对本书的满意度：
版面设计　□很满意　□比较满意　□一般　□较不满意　□不满意
文字编撰　□很满意　□比较满意　□一般　□较不满意　□不满意
封面设计　□很满意　□比较满意　□一般　□较不满意　□不满意</td></tr>
<tr><td colspan="8">3. 您最喜欢本书中的哪篇(或章、节)？请说明理由。</td></tr>
<tr><td colspan="8">4. 您最不喜欢本书中的哪篇(或章、节)？请说明理由。</td></tr>
<tr><td colspan="8">5. 请您指出本书在哪些方面需要进行改进？</td></tr>
</table>